KB179002

유클리드가 들려주는 기하학 이야기

유클리드가 들려주는 기하학 이야기

ⓒ 정완상, 2010

초 판 1쇄 발행일 | 2005년 5월 4일
개정판 1쇄 발행일 | 2010년 9월 1일
개정판 15쇄 발행일 | 2021년 5월 28일

지은이 | 정완상
펴낸이 | 정은영
펴낸곳 | (주)자음과모음

출판등록 | 2001년 11월 28일 세2001-000259호
주   소 | 04047 서울시 마포구 양화로6길 49
전   화 | 편집부 (02)324-2347, 경영지원부 (02)325-6047
팩   스 | 편집부 (02)324-2348, 경영지원부 (02)2648-1311
e-mail | jamoteen@jamobook.com

ISBN 978-89-544-2011-2 (44400)

유클리드가
들려주는

기하학 이야기

| 정완상 지음 |

㈜자음과모음

유클리드를 꿈꾸는 청소년을 위한
'기하학' 이야기

유클리드는 기원전 그리스 시대 최고의 기하학자로 당시의 모든 기하학을 자신의 책《원론》에 수록하였습니다.

우리나라에서는 초등학교 때부터 매 학년 유클리드의 기하학을 배우게 됩니다. 그러니까 이 책은 교과 과정의 기하학을 미리 볼 뿐만 아니라 총정리하는 역할을 한다고 볼 수 있습니다.

따라서 이 책의 내용은 중학교에서 배우는 기하학의 일부를 다루고 있지만 기하에 관심이 있는 초등학교 고학년이라면 누구든 읽어 볼 수 있습니다.

이 책은 유클리드가 한국에 와서 여러분에게 9일간의 수업을 통해 기하학의 대상인 도형들의 여러 성질을 소개하고 느낄 수 있도록 해 줍니다. 유클리드는 또한 간단한 일상 속의 실험을 통해 도형의 성질에 대해 더욱 친근하게 다가갈 수 있도록 도와줍니다.

저는 어린이들이 쉽게 유클리드의 기하학을 이해하여 한국에서도 언젠가는 훌륭한 수학자가 나오길 바라는 간절한 마음으로 이 글을 쓰게 되었습니다. 과연 이 책이 저의 의도처럼 유클리드의 수학을 이해하는 데 도움이 되었는지는 여러분의 판단에 맡기고 싶습니다.

끝으로 이 책을 출간할 수 있도록 배려하고 격려해 준 강병철 사장님과, 예쁘고 유용한 책이 될 수 있도록 수고해 준 편집부 여러분께 감사드립니다.

정 완 상

차례

삼각형의 내각의 합은 왜 180°일까요?

삼각형의 내각의 합이 180°라는 것을 이용하여
다각형의 내각의 합을 구해 봅시다.
또 정다각형의 한 내각의 크기도 구해 봅시다.

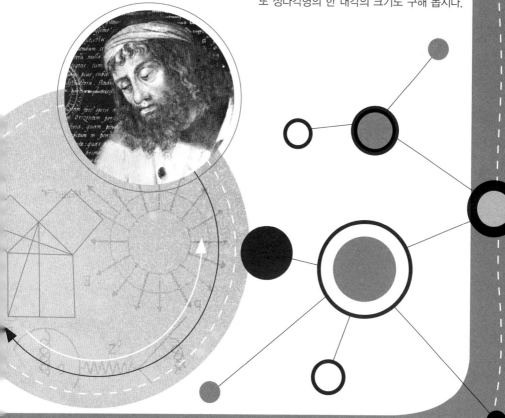

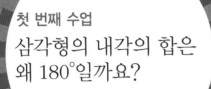

첫 번째 수업

삼각형의 내각의 합은
왜 180°일까요?

유클리드는
재미있는 기하학 여행에 들떠
첫 번째 수업을 시작했다.

기하학은 도형과 관계있는 수학이지요. 기하학의 가장 중요한 주인공은 점, 선, 면입니다.

도형의 가장 기본적인 성질부터 하나씩 조사해 봅시다.

2개의 직선이 만날 때 서로 마주 보는 각을 맞꼭지각이라고 합니다.

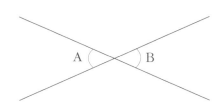

따라서 ∠A와 ∠B는 맞꼭지각입니다.

그럼 두 직선이 만났을 때 몇 쌍의 맞꼭지각이 생길까요?

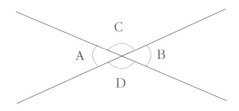

＿1쌍이요.

＿2쌍이요.

그래요, ∠C와 ∠D도 맞꼭지각이군요. 그러므로 맞꼭지각은 다음과 같은 성질이 있습니다.

맞꼭지각의 크기는 서로 같다.

이제 이것을 간단하게 증명해 보겠습니다.

그림에서 ∠B와 ∠C를 더하면 일직선을 나타내는 각이 되지요? 일직선을 나타내는 각은 180°이므로 다음과 같이 쓸 수 있습니다.

$$\angle B + \angle C = 180° \cdots\cdots(1)$$

그런데 ∠A와 ∠C를 더해도 일직선이 되는군요. 이것은 다음과 같지요.

$$\angle A + \angle C = 180° \cdots\cdots (2)$$

가 됩니다. 두 식을 비교해 보세요. 식 (2)에서

$$\angle C = 180° - \angle A$$

가 되는데 이것을 식 (1)에 넣으면

$$\angle B + 180° - \angle A = 180°$$

가 됩니다. 이 식의 양변에서 똑같이 180°를 빼 주면

$$\angle B - \angle A = 0$$

이 됩니다. 따라서 ∠B = ∠A가 되지요.
그러므로 우리는 맞꼭지각의 크기가 서로 같다는 것을 증명했습니다.

삼각형의 내각의 합

다음과 같이 평행선과 하나의 직선을 그려 봅시다.

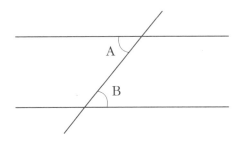

이때 ∠A와 ∠B를 엇각이라고 합니다. 엇각의 크기는 다음과 같은 성질이 있습니다.

평행선과 만나는 직선이 만드는 엇각의 크기는 서로 같다.

평행선에는 엇각 외에 다른 각들도 정의됩니다.

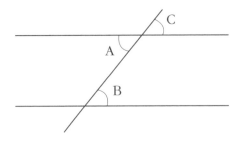

그림에서 ∠C와 ∠B는 같은 위치에 있습니다. 이런 두 각을 동위각이라고 합니다. 이때 다음과 같은 성질이 성립합니다.

평행선과 만나는 직선이 만드는 동위각의 크기는 서로 같다.

이것을 증명해 보지요. ∠C와 ∠A는 맞꼭지각이므로 같습니다.

$$\angle C = \angle A \ \cdots\cdots (1)$$

평행선에서 ∠A와 ∠B는 엇각으로 같습니다.

$$\angle A = \angle B \ \cdots\cdots (2)$$

식 (1)과 (2)로부터 ∠C = ∠B가 됩니다. 즉, 동위각의 크기는 서로 같다는 것을 알 수 있습니다.

이제 삼각형의 내각의 합을 구해 봅시다. 우선 삼각형 ABC에서 변 BC와 평행하면서 꼭짓점 A를 지나는 평행선을 그려 봅시다.

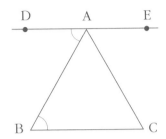

평행선과 선분 AB에 대해 엇각의 크기가 같으므로 ∠
DAB=∠B가 됩니다.

마찬가지로 평행선과 선분 AC에서 엇각의 크기가 같으므
로 ∠EAC=∠C가 됩니다.

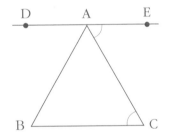

삼각형의 내각의 합은 ∠A + ∠B + ∠C인데 위 사실로부터
이것은 ∠DAB + ∠A + ∠EAC와 같아지지요. 그런데 ∠DAB,
∠A, ∠EAC를 합하면 일직선이 되기 때문에 ∠DAB + ∠A +
∠EAC = 180° 가 됩니다. 따라서 ∠A + ∠B + ∠C = 180° 가 되

지요. 이것으로 우리는 삼각형의 내각의 합이 180°임을 알 수 있습니다.

삼각형 내각의 합은 180°이다.

이것을 이용하면 삼각형의 다른 성질을 찾아볼 수 있습니다. 다음 그림을 보도록 해요.

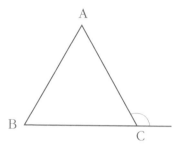

변 BC를 연장한 선과 변 AC가 이루는 각을 ∠C의 외각이라고 합니다. 이때 다음 성질이 성립합니다.

∠C의 외각은 나머지 두 내각의 크기의 합인 ∠A + ∠B와 같다.

이것을 간단하게 증명할 수 있습니다.

다음 페이지의 그림과 같이 변 AB와 평행하며 점 C를 지나

는 선을 그리고 그 선이 변 AC와 이루는 각을 ∠a, 변 BC의
연장선과 이루는 각을 ∠b라고 합시다.

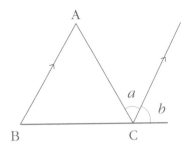

이때 ∠a는 ∠A와 엇각이므로 같습니다. 즉 ∠a=∠A입니
다. 또한 ∠b는 ∠B와 동위각으로 같으므로 ∠b=∠B입니다.

∠C의 외각은 ∠a+∠b이므로 ∠C의 외각=∠A+∠B가 됩
니다.

다각형의 내각의 합

삼각형의 내각의 합이 180°라는 것을 이용하면 다른 다각
형의 내각의 합도 쉽게 알 수 있습니다. 우리는 사각형의 내
각의 합이 360°라는 것을 알고 있습니다. 사각형을 다음과
같이 2개로 나눌 수 있습니다.

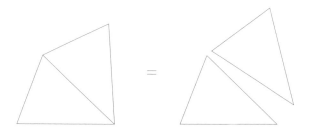

앗! 그럼 삼각형 2개를 붙이면 사각형이 만들어지는 것이군요. 그러므로 사각형의 내각의 합은 삼각형의 내각의 합의 2배입니다. 즉, $180° \times 2 = 360°$가 되지요.

마찬가지로 오각형은 3개의 삼각형으로 나누어집니다.

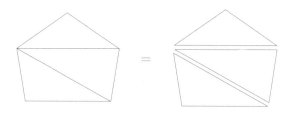

그러므로 오각형의 내각의 합은 삼각형 내각의 합의 3배가 됩니다. 즉, $180° \times 3 = 540°$가 되지요.

지금까지 조사한 내용을 정리해 봅시다.

삼각형의 내각의 합 $= 180° \times 1 = 180° \times (3-2)$

사각형의 내각의 합 $= 180° \times 2 = 180° \times (4-2)$

오각형의 내각의 합 $= 180° \times 3 = 180° \times (5-2)$

그러므로 다음과 같이 결론을 내릴 수 있습니다.

□각형의 내각의 합은 $180° \times$ (□-2)이다.

이번에는 좀 더 특수한 다각형을 봅시다. 일반적으로 변의 길이가 모두 같고, 내각의 크기가 모두 같은 다각형을 정다각형이라고 하지요. 예를 들어, 세 변의 길이와 세 각의 크기가 같은 삼각형을 정삼각형이라고 합니다.

즉, 변의 개수가 □개인 정다각형의 내각의 합은 $180° \times$ (□-2) 이고, □개의 내각은 모두 크기가 같으므로 정다각형의 한 내각의 크기는 전체 내각의 합을 □로 나누어 준 값이 됩니다.

예를 들어 정오각형을 봅시다. □에 5를 넣으면 정오각형의 내각의 합은 540°이므로 한 내각의 크기는 540°÷5 = 108° 가 됩니다. 이런 식으로 정다각형의 한 내각의 크기를 알 수 있습니다.

> 변의 개수가 □개인 정다각형의 한 내각의 크기는 $180° \times (□ - 2)$ ÷ □ 이다.

오늘 수업의 마지막으로 다음과 같은 별 모양 도형의 내각의 합을 구해 봅시다. 즉, $\angle a + \angle b + \angle c + \angle d + \angle e$를 구하면 됩니다.

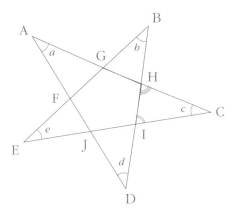

삼각형 BEI에서 $\angle$I의 외각은 나머지 두 내각의 합과 같으므로 $\angle$I의 외각 = $\angle b + \angle e$가 됩니다. 마찬가지로 삼각형

ADH에서 ∠H의 외각은 나머지 두 내각의 합과 같으므로 ∠H의 외각=∠a+∠d가 됩니다. 그런데 삼각형 HIC의 내각의 합은 180°이므로

$$(∠I의\ 외각) + (∠H의\ 외각) + ∠c = 180°$$

가 됩니다. 그러므로

$$∠a + ∠b + ∠c + ∠d + ∠e = 180°$$

가 된다는 것을 알 수 있습니다.

수학자의 비밀노트

다각형의 외각의 합

(한 내각)+(그 내각의 외각)=180°이다. 따라서 □각형의 내각과 외각의 합은 180°×□이다. 그런데 다각형의 내각의 합은 180°×(□−2)이므로 (내각과 외각의 합)−(내각의 합)=(외각의 합)을 구할 수 있다.

(내각과 외각의 합)−(내각의 합)=(외각의 합)
180°×□−180°×(□−2)=(외각의 합)
180°×□−180°×□+180°×2=(외각의 합)
360°=(외각의 합)

따라서 어떤 다각형이냐에 관계없이 다각형의 외각의 합은 항상 360°이다.

이 삼각형이 단서라는 거지…. 먼저 왜 삼각형의 내각의 합이 180°인지 증명해 보이겠습니다.

우선 평행선과 하나의 직선을 그리면 ∠A와 B라는 엇각이 생깁니다. 이때 엇각의 크기는 서로 같죠. 또 ∠C, ∠B처럼 같은 위치에 있는 각을 동위각이라고 하는데 이것의 크기 또한 같게 됩니다. 왜냐고요?

∠C와 ∠A는 맞꼭지각으로 ∠A와 ∠B는 엇각으로 서로 크기가 같습니다. 그렇다면 ∠A=∠B=∠C가 되겠죠? 그래서 동위각의 크기는 서로 같다는 것을 알 수 있습니다.

$$\angle C = \angle A$$
$$\angle A = \angle B$$
$$\rightarrow \angle A = \angle B = \angle C$$

오호~!

자, 그럼 본격적으로 삼각형을 살펴볼까요? 우선 삼각형 ABC에서 변 BC와 평행하면서 꼭짓점 A를 지나는 평행선을 그리면 평행선과 선분 AB에 대해 엇각끼리 같으므로 ∠DAB=∠B가 되죠? 마찬가지로 평행선과 선분 AC에서 엇각끼리 같으므로 ∠EAC=∠C가 됩니다.

$$\angle DAB = \angle B$$
$$\angle EAC = \angle C$$

삼각형의 내각의 합은 ∠A+∠B+∠C이므로 ∠A+∠DAB+∠EAC와 같아지겠죠? 그런데 ∠DAB, ∠A, ∠EAC는 일직선을 만들기 때문에 ∠DAB+∠A+∠EAC=∠A+∠B+∠C=180°가 되는 것입니다.

$$\angle DAB = \angle B$$
$$\angle EAC = \angle C$$
$$\rightarrow \angle A = \angle B = \angle C = 180°$$

그렇군요.

이것을 이용하면 삼각형의 다른 성질을 찾아볼 수가 있습니다. 다음 그림을….

저기…, 선생님. 설명은 잘 들었습니다만 지금은 범인을 잡는 데 도움이 되는 설명을 해 주심이….

2

삼각형의 합동

두 삼각형이 완전히 포개어질 때 두 삼각형은 합동이라고 말합니다.
삼각형의 합동조건에 대해 알아봅시다.

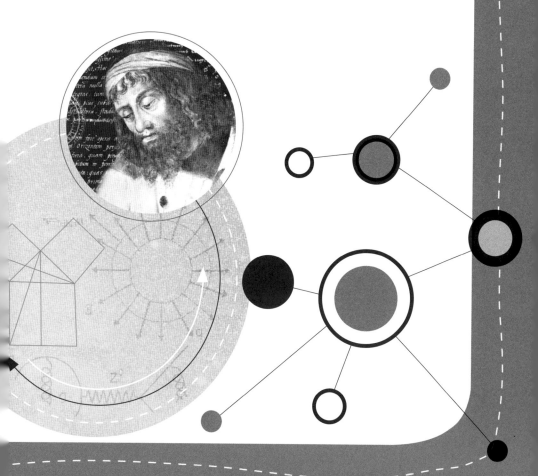

2

두 번째 수업

삼각형의 합동

유클리드는
학생들을 데리고 강가로 나가
두 번째 수업을 시작했다.

강에는 사람이 살지 않는 미니 섬이라는 조그만 섬이 있었다. 미니 섬은 강 한복판에 있었는데 섬까지의 거리는 알 수 없었다. 그때 유클리드가 학생들에게 물었다.

미니 섬까지 가지 않고 자와 각도기만으로 섬까지의 거리를 구할 수 있을까요?

잠시 침묵이 흘렀다. 학생들은 멍하니 미니 섬을 바라보고 있었다. 줄자와 각도기를 가지고 있었지만 섬까지 가지고 갈 수는 없었기 때문이었다.

이럴 때 도형의 합동의 성질을 이용하면 쉽게 해결할 수 있답니다.

먼저 합동의 뜻을 알아봅시다. 합동이란 두 도형의 모양과 크기가 서로 같다는 것을 의미합니다. 즉, 대응하는 변의 길이가 같고 대응하는 각의 크기가 같지요.

다음 두 삼각형을 봅시다.

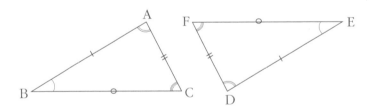

삼각형 ABC와 삼각형 DEF는 합동이고 대응변과 대응각은 다음과 같습니다.

변 AB와 변 DE

변 AC와 변 DF

변 BC와 변 EF

각 A와 각 D

각 B와 각 E

각 C와 각 F

유클리드는 2개의 삼각형을 종이에서 잘라 냈다. 그리고 대응각이 일치되도록 겹쳐 보았다.

두 삼각형이 완전히 포개어지죠? 이것이 바로 합동인 두 도형의 특징입니다.

그렇다면 두 삼각형이 합동이 되려면 어떻게 되어야 할까요? 다음과 같은 세 경우 중 한 조건을 만족하면 두 삼각형은 합동이 됩니다.

① 대응하는 세 변의 길이가 같다. (SSS 합동)

② 대응하는 두 변의 길이가 같고, 그 끼인각의 크기가 같다.

   (SAS 합동)

③ 대응하는 한 변의 길이가 같고, 양 끝각의 크기가 같다.

   (ASA 합동)

영어로 쓴 것은 합동조건의 이름입니다. S는 변을 뜻하는 'side'라는 단어의 앞 철자이고, A는 각을 뜻하는 'angle'이라는 단어의 앞 철자입니다.

다음 두 삼각형을 보세요.

변 AP의 대응변은 변 DP이고, 변 BP의 대응변은 변 CP입니다. 그럼 삼각형 PAB와 삼각형 PDC는 합동일까요? 언뜻 보면 대응하는 두 변의 길이만 같으니까 합동이 아닌 것 같지

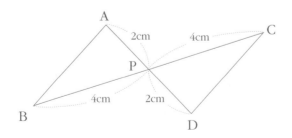

만, 맞꼭지각이 같다는 성질로부터 ∠APB와 ∠DPC가 같으므로 두 삼각형은 SAS 합동조건에 의해 합동이 됩니다.

이제 육지에서 미니 섬까지의 거리를 구하는 문제로 돌아갑시다. 우리는 미니 섬의 육지에서 가장 가까운 곳에 P라고 쓰여 있는 깃발을 꽂았습니다. 그러니까 강가에서 P점까지의 수직 거리를 구하면 됩니다.

유클리드는 섬을 정면으로 마주 보는 지점 A에서 강변을 따라 왼쪽으로 30m를 걸어가서 그 지점에 깃발을 꽂고 B라고 했다. 그리고 B에서 다시 왼쪽으로 30m를 가서 깃발을 꽂고 C라고 썼다.

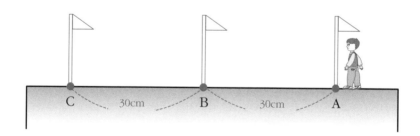

학생들은 유클리드가 무슨 작업을 하는지 전혀 눈치채지 못하는 것 같았다. 유클리드는 미키에게 섬과 B를 잇는 선을 육지 쪽으로 연장한 선을 그리게 하고, 하니에게 점 C에서 강물이 흐르는 방향과 수직이 되도록 육지 쪽으로 선을 그리게 했다. 두 사람이 그린 선은 육지 쪽의 어느 한 점에서 만났는데 유클리드는 그곳에 깃발을 꽂고 D라고 썼다.

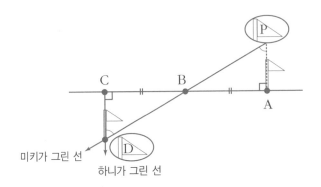

미키가 그린 선
하니가 그린 선

　이제 깃발들을 각 꼭짓점으로 하는 두 삼각형은 합동이 됩니다. 왜냐하면 ∠PBA와 ∠DBC는 맞꼭지각으로 같고, ∠A와 ∠C는 직각으로 같으며 변 AB의 길이와 변 BC의 길이가 같으므로 ASA 합동조건에 의해 삼각형 PBA와 삼각형 DBC는 합동입니다. 그러므로 두 삼각형에서 대응각과 대응변의 길이는 같지요. 따라서 변 CD의 길이와 변 PA의 길이는 같습니다.

　우리가 구하려고 하는 거리는 변 PA이죠? 그런데 물이 있어 줄자로 잴 수 없으니까 육지 쪽의 같은 길이인 변 CD를 측정하면 됩니다. 미혜가 한번 측정해 보겠어요?

＿네, 선생님. 변 CD의 길이는 40m예요.

변 CD의 길이가 40m이므로 육지에서 미니 섬까지의 거리
는 40m가 됩니다. 이렇게 강물이 있어 직접 잴 수 없을 때,
삼각형의 합동을 이용하면 섬까지의 거리를 쉽게 구할 수 있
답니다.

흠…. 이렇게 많은 삼각형 중에 똑같이 생긴 삼각형을 찾으라니…. 다 비슷하게 생겨서 어떤 기준으로 찾아야 할지….

모양과 크기가 같은 합동인 두 삼각형을 찾으면 되지 않겠나?

오, 유클리드. 어떻게 말인가?

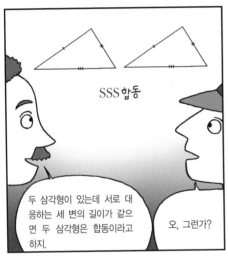

SSS 합동

두 삼각형이 있는데 서로 대응하는 세 변의 길이가 같으면 두 삼각형은 합동이라고 하지.

오, 그런가?

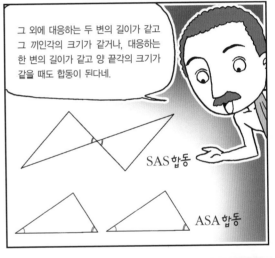

그 외에 대응하는 두 변의 길이가 같고 그 끼인각의 크기가 같거나, 대응하는 한 변의 길이가 같고 양 끝각의 크기가 같을 때도 합동이 된다네.

SAS 합동

ASA 합동

이러한 조건을 만족하는 삼각형은 세 변의 길이가 같을 뿐 아니라 세 각의 크기도 같지.

그렇군. 이제 합동이란 모양과 크기가 똑같다는 말이 무슨 말인지 알겠군.

그런데 합동인 삼각형은 왜 찾으려고 하는 건가?

글쎄. 그게…, 자네 설명을 듣다가 까먹어 버렸네.

삼각형의 닮음

크기는 다르지만 모양이 같은 삼각형은 서로 닮음 관계에 있습니다.
삼각형의 닮음조건에 대해 알아봅시다.

세 번째 수업
삼각형의 닮음

유클리드는
오벨리스크가 있는 광장에서
세 번째 수업을 시작했다.

오벨리스크는 아주 뾰족하게 생긴 탑으로 오래된 역사의 흔적을 지니고 있었다. 하지만 오벨리스크는 너무 높아 그 높이를 아는 사람은 아무도 없었다.

오늘은 오벨리스크의 높이를 구하는 방법에 대해 알아보겠습니다. 물론 줄자를 들고 오벨리스크에 올라가는 것은 아닙니다. 그럼 어떻게 저 높은 오벨리스크의 높이를 정확하게 잴 수 있을까요? 그것은 바로 도형의 닮음을 이용하는 것입니다.

우리는 앞에서 두 도형의 모양과 크기가 같을 때 합동이라고 배웠습니다. 그런데 두 도형이 모양은 같지만 크기가 다른 두 도형은 닮음이라고 합니다.

예를 들어 다음 삼각형 ABC를 봅시다.

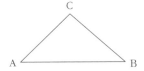

이때 변 AB, 변 BC, 변 CA를 같은 방향으로 2배 늘린 삼각형을 그려 봅시다. 그 삼각형을 A′B′C′이라고 하고 두 삼각형을 같이 그리면 다음과 같습니다.

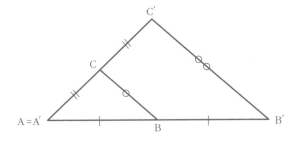

이때 삼각형 ABC와 삼각형 A′B′C′는 닮은꼴입니다. 즉, 두 도형은 닮음이지요. 닮은 두 삼각형은 대응각의 크기가 같고, 대응변의 길이의 비가 일정합니다.

$$\angle A = \angle A'$$

$$\angle B = \angle B'$$

$$\angle C = \angle C'$$

$$\overline{AB} : \overline{A'B'} = 1 : 2$$

$$\overline{BC} : \overline{B'C'} = 1 : 2$$

$$\overline{CA} : \overline{C'A'} = 1 : 2$$

닮음인 두 삼각형에서 대응하는 세 각의 크기는 모두 같습니다. 하지만 변의 길이는 서로 다릅니다. 그러므로 이 두 삼각형은 합동이 아닙니다. 하지만 대응하는 변의 길이의 비가 일정하므로 이 두 삼각형은 닮음입니다.

이때 대응변의 길이의 비를 두 삼각형의 닮음비라고 하지요. 그러니까 삼각형 ABC와 삼각형 A′B′C′의 닮음비는 1 : 2입니다.

두 삼각형이 닮음이 되려면 다음 중 하나의 조건을 만족해야 합니다.

① 세 쌍의 대응하는 변의 길이의 비가 같다. (SSS 닮음)

② 두 쌍의 대응하는 변의 길이의 비가 같고, 그 끼인각의 크기가 같다. (SAS 닮음)

③ 두 쌍의 대응각의 크기가 같다. (AA 닮음)

이제 삼각형의 닮음을 이용하여 오벨리스크의 높이를 잴 수 있습니다.

유클리드는 오벨리스크에서 멀리 떨어진 곳에 1m짜리 막대기를 꽂았다. 오벨리스크와 막대의 그림자가 동시에 나타났다.

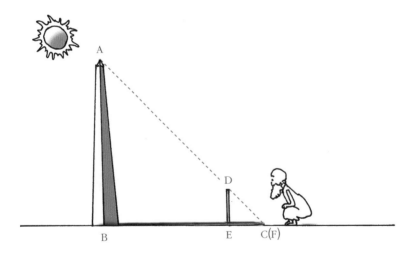

이때 삼각형 ABC와 삼각형 DEF는 닮음입니다. ∠B와 ∠E는 직각으로 같아 대응각이 되고, 오벨리스크와 막대기가 평행이므로 ∠D와 ∠A는 동위각으로 같아 대응각이 됩니다. 그러므로 AA 닮음조건에 의해 두 삼각형은 닮음이 됩니다. 그러므로 두 삼각형의 대응변의 길이의 비는 같습니다.

물론 우리가 구하고자 하는 것은 오벨리스크의 높이인 변 AB의 길이입니다. 그것의 대응변은 변 DE이고 그 길이는 1m입니다. 그러므로 다른 대응변의 길이의 비를 조사하여 변 AB의 길이를 결정할 수 있습니다.

유클리드는 오벨리스크의 그림자의 길이(변 BC의 길이)와 막대기의 그림자의 길이(변 EF의 길이)를 재었다. 변 BC의 길이는 20m였고 변 EF의 길이는 0.5m였다.

이제 우리는 변 AB의 길이를 구할 수 있습니다. 다음 자료를 보지요.

변 AB의 길이＝모름   변 DE의 길이＝1m
변 BC의 길이＝20m   변 EF의 길이＝0.5m

변 AB는 변 DE에 대응하고, 변 BC는 변 EF에 대응되므로

$$\overline{AB} : 1 = 20 : 0.5$$

가 되어 변 AB = 40(m)이 됩니다. 그러므로 오벨리스크의 높이는 40m가 됩니다.

삼각형의 닮음을 이용하는 중요한 문제를 해결해 봅시다. 다음 그림을 보지요.

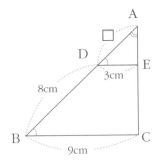

여기서 변 DE와 변 BC는 평행이라고 합시다. 이 조건을 이용하면 변 AD의 길이를 구할 수 있습니다.

이 문제는 닮은 삼각형을 찾으면 됩니다. 삼각형 ADE와 삼각형 ABC를 봅시다. ∠A는 공통이고, 변 DE와 변 BC가 평행하므로 ∠ADE와 ∠B는 같습니다. 그러므로 AA 닮음조건에 의해 두 삼각형은 닮음입니다. 이제 두 삼각형의 대응

변을 살펴봅시다.

삼각형 ADE	삼각형 ABC
$\overline{AD}$	$\overline{AB}$
$\overline{DE}$	$\overline{BC}$
$\overline{AE}$	$\overline{AC}$

닮은 두 삼각형은 대응변의 길이의 비가 같으므로

$$\overline{DE} : \overline{BC} = \overline{AD} : \overline{AB}$$

가 됩니다. 변 AD의 길이를 $\square$라고 하면

$$3 : 9 = \square : (\square + 8)$$

이 됩니다. 비례식에서 내항의 곱과 외항의 곱이 같으므로

$$9 \times \square = 3 \times (\square + 8)$$

이 되고 양변을 3으로 나누면 $3 \times \square = \square + 8$이 됩니다. $3 \times \square$

$=\square+\square+\square$이므로 $\square+\square+\square=\square+8$로부터 $\square+\square=8$이 되어 $\square=4$가 됩니다.

그러므로 구하려고 하는 변 AD의 길이, 즉 오벨리스크의 높이는 4m가 되는 것이지요.

이렇게 삼각형을 밑변과 평행인 선분으로 나누면 작은 삼각형과 큰 삼각형은 닮음을 이룹니다. 반대로 생각하면 닮음인 두 삼각형이 하나의 삼각형 속에 숨어 있을 때도 있지요. 이럴 때는 닮은 두 도형을 찾기가 어렵죠? 이때는 대응각을 잘 일치시켜 보아야 한다는 것을 잊지 마세요.

수학자의 비밀노트

닮음비를 이용한 넓이의 비

두 도형이 닮음이면 대응하는 변의 길이의 비가 일정하다. 이러한 닮음비를 이용하여 두 도형의 넓이의 비를 구할 수 있다.

변의 길이가 각각 1, 2인 두 정사각형이 있다고 하자. 두 정사각형은 닮음이며 닮음비는 1:2이다.

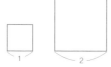

각각의 넓이를 구해 보면 1, 4임을 알 수 있는데 특징을 살려 정리하면 다음과 같다.

닮음비=1:2

넓이비=$1:4=1^2:2^2$

따라서 닮음비가 1:2인 두 도형의 넓이비는 1:4이며 이것은 닮음인 모든 도형에 대해 성립한다.

이번엔 쌍둥이가 아니라 형제를 찾아야 하는데 이건 더 헛갈리는군. 다 거기서 거기인데….

아, 오늘은 닮음인 도형을 찾고 있군.

유클리드, 안 그래도 자네 도움이 절실했는데….

두 도형이 모양은 같지만 크기가 다를 때 두 도형을 닮음이라고 하네. 예를 들어 삼각형 ABC의 변 AB, 변 AC, 변 BC의 길이를 2배로 늘린 삼각형을 삼각형 A′B′C′라고 하세.

이 두 삼각형의 대응각의 크기는 모두 같지만 변의 길이는 서로 다르지. 그러므로 이 두 삼각형은 합동이 아닐세. 하지만 대응변의 길이의 비가 일정하므로 이 두 삼각형은 닮음의 관계에 있는 것이지. 이때 대응변의 길이의 비를 닮음비라고 하네. 그러니까 삼각형 ABC와 삼각형 A′B′C′의 닮음비는 1:2가 되지.

$\angle A = \angle A'$
$\angle B = \angle B'$
$\angle C = \angle C'$
변 AB : 변 A′B′ = 1 : 2
변 OBC : 변 B′C′ = 1 : 2
변 OCA : 변 C′A′ = 1 : 2

결론적으로 삼각형이 닮음이 되려면 다음 중 하나의 조건을 만족해야 한다네.

(1) 세 쌍의 대응변의 길이의 비가 같다.
    (SSS 닮음)
(2) 두 쌍의 대응변의 길이의 비가 같고, 그 끼인각의 크기가 같다.
    (SAS 닮음)
(3) 두 쌍의 대응각의 크기가 같다.
    (AA 닮음)

그런데 오늘은 닮은 삼각형을 찾는 이유는 기억하고 있나?

그게 말일세. 저번에 쌍둥이 삼각형을 찾는 이유가 도무지 떠오르질 않아서 그냥 형제라도 찾아볼까 하고….

4

피타고라스의 정리

직각삼각형의 빗변의 길이와 다른 두 변의 길이 사이에는 어떤 관계가 있을까요?
피타고라스의 정리에 대해 알아봅시다.

4

피타고라스의 정리

유클리드는 피타고라스가 만든
정리를 소개하겠다며
네 번째 수업을 시작했다.

우선 세 수 1, 2, 3을 보세요. 그런 다음 각각의 수를 제곱해 보세요. 이때 $1^2 = 1$, $2^2 = 4$, $3^2 = 9$입니다. 이들 세 수 사이에는 어떤 관계가 있을까요?

── 없습니다.

그럼 세 수 3, 4, 5를 봅시다. 그리고 각각의 수를 제곱해 보세요. 이때 각각을 계산하면 $3^2 = 9$, $4^2 = 16$, $5^2 = 25$입니다. 이들 세 수 사이에는 어떤 관계가 있나요?

── $25 = 9 + 16$이므로 $3^2 + 4^2 = 5^2$이 됩니다.

잘했습니다. 어떤 세 수에 대해서는 가장 큰 수의 제곱이 다른 두 수의 제곱의 합과 같지 않습니다. 하지만 3, 4, 5와 같은 세 수에 대해서는 가장 큰 수의 제곱이 다른 두 수의 제곱의 합과 같습니다. 이러한 세 수를 피타고라스의 수라고 합니다.

그럼 피타고라스의 정리에 대해 알아봅시다. 다음과 같은 직각삼각형을 생각해 봅시다.

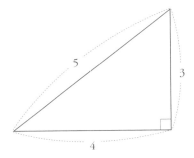

세 변의 길이가 각각 3, 4, 5이군요. 이때 길이가 5인 변을 빗변이라고 합니다. 이때 $3^2 + 4^2 = 5^2$을 만족하지요? 그러므로 이 삼각형의 세 변의 길이는 피타고라스의 수입니다.

3^2, 4^2, 5^2은 한 변의 길이가 각각 3, 4, 5인 정사각형의 넓이입니다. 그러므로 오른쪽 페이지의 그림과 같이 각 변의 길이를 한 변으로 하는 3개의 정사각형을 만들 수 있습니다.

피타고라스의 정리는 바로 이것입니다. 어떤 세 수가 피타

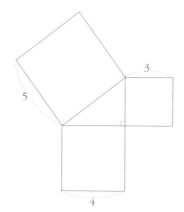

고라스의 수가 되면 세 수를 각 변의 길이로 갖는 삼각형은
직각삼각형이 됩니다. 물론 가장 큰 수는 빗변의 길이가 되
지요.

직각삼각형에서 빗변의 길이의 제곱은 다른 두 변의 길이의 제곱의
합과 같다.

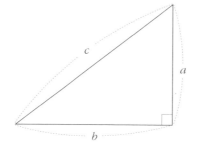

$$c^2 = a^2 + b^2$$

물론 직각삼각형이 아니라면 세 변의 길이는 피타고라스의 정리를 만족하지 않습니다.

이제 피타고라스의 정리를 증명해 보겠습니다. 다음과 같은 도형을 생각합시다.

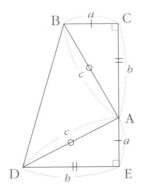

그림에서 변 BC와 변 DE가 평행하므로 사각형 BDEC는 사다리꼴입니다. 윗변의 길이는 a, 아랫변의 길이는 b이고 높이는 $(a+b)$이지요. 따라서 이 사다리꼴의 넓이를 S라고 하면 다음과 같이 됩니다.

$$S = \frac{(a+b) \times (a+b)}{2}$$

$\frac{3}{2}$이 $3 \div 2$를 나타내듯이 $S = (a+b) \times (a+b) \div 2$와 같습니다.

여기서 $(a+b) \times (a+b) = a^2 + 2ab + b^2$이 됩니다. 이 증명은 간단합니다. 다음 정사각형을 보지요.

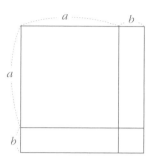

큰 정사각형은 4개의 사각형으로 이루어져 있습니다. 큰 정사각형은 한 변의 길이가 $(a+b)$이므로 넓이는 $(a+b)^2$이 됩니다. 그런데 이 넓이는 사각형 4개의 넓이의 합으로 볼 수 있으므로 다음과 같이 됩니다.

$$(a+b)^2 = a^2 + ab + ab + b^2$$
$$= a^2 + 2ab + b^2$$

그러므로 앞선 사다리꼴의 넓이 S는 다음과 같지요.

$$S = \frac{a^2 + 2ab + b^2}{2}$$

$\dfrac{\square + \triangle}{2} = \dfrac{\square}{2} + \dfrac{\triangle}{2}$ 라는 성질을 이용하면 다음과 같이 됩니다.

$$S = \frac{a^2 + b^2}{2} + \frac{2ab}{2} \quad \cdots\cdots (1)$$

사다리꼴을 자세히 들여다보면 3개의 직각삼각형으로 이루어진 것을 알 수 있죠? 그중 2개의 직각삼각형은 합동으로 직각삼각형 BAC의 넓이는 $\dfrac{1}{2}ab$, 직각삼각형 BDA의 넓이는 $\dfrac{1}{2}c^2$, 직각삼각형 ADE의 넓이는 $\dfrac{1}{2}ab$가 됩니다. 그러므로 사다리꼴의 넓이는 다음과 같습니다.

$$S = \frac{1}{2}ab + \frac{1}{2}c^2 + \frac{1}{2}ab = \frac{1}{2}c^2 + 2 \times \frac{1}{2}ab \quad \cdots\cdots (2)$$

식 (1), (2)를 비교하면 다음과 같이 되지요.

$$\frac{a^2 + b^2}{2} + ab = \frac{c^2}{2} + ab$$

$$a^2 + b^2 = c^2$$

이것은 바로 직각삼각형 BAC에서 피타고라스의 정리가

성립한다는 걸 말하지요. 이렇게 우리는 피타고라스의 정리를 증명할 수 있습니다.

또한 피타고라스의 정리를 이용하면 정사각형이나 직사각형의 대각선의 길이를 구할 수 있습니다.

유클리드는 한 변의 길이가 1cm인 조그만 색종이를 대각선 방향으로 접었다가 펼쳤다.

접힌 부분이 바로 정사각형의 대각선이며 이것의 길이가 정사각형의 대각선의 길이입니다.

유클리드는 접힌 부분을 가위로 잘랐다. 그러자 다음과 같은 직각삼각형이 되었다.

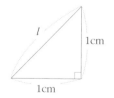

이 직각삼각형의 빗변의 길이는 바로 한 변의 길이가 1cm 인 정사각형의 대각선의 길이입니다. 이 길이를 l이라고 하면 피타고라스의 정리에 의해 $l^2 = 1^2 + 1^2$이므로 $l^2 = 2$가 됩니다. 앗! 제곱을 해서 2가 되는 수가 있을까요? 이런 수를 무리수라고 합니다. 다음과 같은 수를 봅시다.

$1.4^2 = 1.96$

$1.41^2 = 1.9881$

$1.414^2 = 1.999396$

점점 2에 가까워지죠? 이런 식으로 계속하면 제곱을 하여 2가 되는 수는 1.414…로 소수점 아래 수가 끝없이 이어지게 됩니다. 이 수를 2의 제곱근이라고 하고 $\sqrt{2}$라고 씁니다. 그러니까 $(\sqrt{2})^2 = 2$, $(\sqrt{3})^2 = 3$, 이런 식이 되지요. 즉, $l^2 = \square$를 만족하는 양수 l은 $l = \sqrt{\square}$가 됩니다. 그러니까 우리가 구하려고 하는 한 변의 길이가 1cm인 정사각형의 대각선의 길이는 $\sqrt{2}$cm가 됩니다.

따라서 한 변의 길이가 a인 정사각형의 대각선의 길이 l은 오른쪽 페이지와 같습니다.

$$l = \sqrt{a^2 + a^2} = \sqrt{2a^2}$$
$$= \sqrt{2}\,a$$

한 단계 더 나아가 가로의 길이가 a, 세로의 길이가 b인 직사각형의 대각선의 길이 l은 다음과 같습니다.

$$l = \sqrt{a^2 + b^2}$$

제곱근에 대해 좀 더 알아봅시다. $l^2 = 4$를 만족하는 양수는 $l = 2$입니다. $2^2 = 4$이니까요. 그런데 $l^2 = 4$에서 $l = \sqrt{4}$라고도 쓸 수 있습니다. 그러니까 $\sqrt{4} = 2$가 되지요. 즉, $\sqrt{}$ 안에 어떤 양수의 제곱이 있으면 그 수가 식의 결과가 됩니다.

양수 a에 대해 $\sqrt{a^2} = a$이다.

제곱근의 중요한 성질에 대해 알아봅시다. $\sqrt{4} = 2$이고 $\sqrt{9} = 3$입니다. 두 식을 곱하면 $\sqrt{4} \times \sqrt{9} = 6$이 되고 $6 = \sqrt{36}$이므로 $\sqrt{4} \times \sqrt{9} = \sqrt{36} = \sqrt{4 \times 9}$이 됩니다. 그러니까 다음과 같은 성질을 알 수 있습니다.

양수 a, b에 대해 $\sqrt{a} \times \sqrt{b} = \sqrt{a \times b}$ 이다.

이 성질을 이용하면 큰 수의 제곱근을 작은 수의 제곱근으로 나타낼 수 있습니다. 예를 들어 $\sqrt{12}$를 보지요. $\sqrt{12} = \sqrt{4 \times 3}$이 되고 이 성질을 이용하면 $\sqrt{12} = \sqrt{4} \times \sqrt{3}$이 되며 $\sqrt{4} = \sqrt{2^2} = 2$이므로 $\sqrt{12} = 2 \times \sqrt{3}$이 됩니다. 이때 $2 \times \sqrt{3}$을 $2\sqrt{3}$으로 씁니다.

정삼각형의 넓이

이제 피타고라스의 정리와 제곱근의 성질을 이용하여 정삼각형의 넓이를 구할 수 있습니다. 한 변의 길이가 a인 정삼각형의 넓이를 구해 봅시다. 꼭짓점에서 밑변에 수선을 내리면 다음과 같습니다.

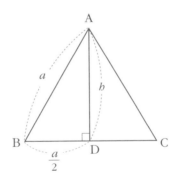

그러므로 삼각형 ABD는 직각삼각형이 됩니다. 그러니까 피타고라스의 정리를 써서 정삼각형의 높이를 구할 수 있습니다.

즉, 높이를 b라고 하면 $a^2 = b^2 + \left(\dfrac{a}{2}\right)^2$ 을 만족합니다. $\left(\dfrac{a}{2}\right)^2 = \dfrac{a^2}{4}$ 이므로

$$b^2 = a^2 - \frac{a^2}{4}$$

이 됩니다. 그런데 $a^2 = 1 \times a^2$이므로

$$b^2 = 1 \times a^2 - \frac{1}{4} \times a^2$$

이 되며 분배법칙을 사용하면

$$b^2 = \left(1 - \frac{1}{4}\right) \times a^2 = \frac{3}{4} \times a^2 = 3 \times \left(\frac{a}{2}\right)^2$$

이 됩니다. 그러므로 정삼각형의 높이 b는

$$b = \sqrt{3 \times \left(\frac{a}{2}\right)^2} = \sqrt{3} \times \frac{a}{2} = \frac{\sqrt{3}}{2} a$$

가 됩니다. 따라서 정삼각형의 넓이 S는 $S = \dfrac{1}{2} \times a \times b$ 이므로

$$S = \frac{1}{2} \times a \times \frac{\sqrt{3}}{2}a$$

$$= \frac{\sqrt{3}}{4}a^2$$

이 됩니다. 이것이 바로 한 변의 길이가 a인 정삼각형의 넓이입니다.

이 숫자들은 뭐지? 뭔가 연관성이 있어 보이긴 하는데….

피타고라스의 수가 아닌가?

피타고라스의 수? 자네 뭔가 알고 있군.

우선 세 수 3, 4, 5를 보게. 연관성이 없어 보이지만 이 수들을 제곱하고 더하면….

오, 그러니까 작은 두 수의 제곱의 합이 큰 수를 제곱한 것과 같군.

그렇지. 바로 이런 수들을 피타고라스의 수라고 하는 것일세.

$$5^2 = 3^2 + 4^2$$

그리고 3^2, 4^2, 5^2은 한 변의 길이가 각각 3, 4, 5인 정사각형의 넓이지? 그러므로 다음과 같이 각 변의 길이를 한 변으로 하는 3개의 정사각형을 만들 수 있네.

즉, 어떤 세 수가 피타고라스의 수가 되면 세 수를 각 변의 길이로 하는 삼각형은 직각삼각형이 되고, 가장 큰 수는 빗변의 길이가 된다네. 이것을 바로 피타고라스의 정리라고 하지. 물론 직각삼각형이 아니라면 세 변의 길이는 피타고라스의 정리를 만족하지 않는다네.

잘 알았네. 그럼, 43-33-46 이 어떤 수인지 아나?

글쎄 처음 들어보는 숫자 조합인걸.

바로 내 신체 사이즈를 나타내는 홈스의 수라네. 후후후!

5

원의 넓이는
어떻게 구할까요?

원주의 길이를 이용하여 원의 넓이를 구할 수 있을까요?
원과 부채꼴의 넓이를 구하는 방법에 대해 알아봅시다.

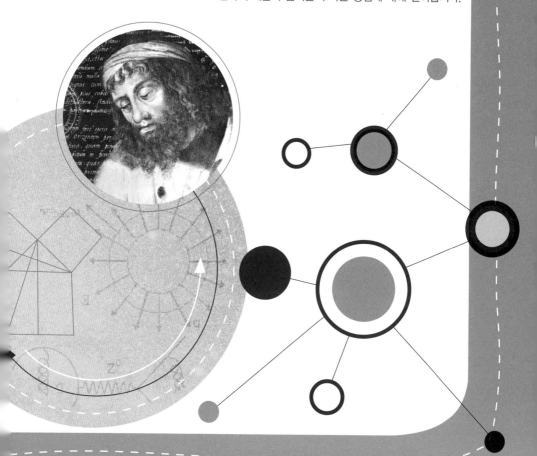

5

다섯 번째 수업

원의 넓이는
어떻게 구할까요?

유클리드가 원판 3개를 들고
다섯 번째 수업을 시작했다.

세 원판의 지름은 각각 1cm, 2cm, 3cm의 세 종류였다. 유클리드는 가장 작은 원판을 학생들에게 보여 주었다. 원판에는 지름을 나타내는 선이 그려져 있었다.

오늘은 원에 대해 공부를 하겠어요. 우선 원주(원의 둘레)의 길이에 대해 알아보지요.

유클리드는 가장 작은 원판의 둘레에 인주를 묻혔다. 그리고 원판을 1바퀴 굴렸다.

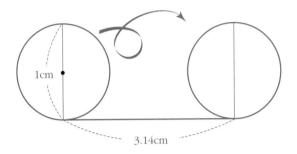

지금 여러분이 보고 있는 선은 바로 원판의 둘레에 묻어 있던 인주가 만든 자국입니다. 원판은 1바퀴 돌았으니까 이 길이가 바로 원주의 길이입니다.

학생들은 선의 길이를 재었다. 길이는 약 3.14cm였다. 유클리드는 지름이 2cm, 3cm인 원판에도 인주를 묻혀 1바퀴 돌렸다. 학생들은 선의 길이를 재었다. 두 선의 길이는 각각 약 6.28cm, 9.42cm였다.

지금까지 실험한 결과를 정리해 봅시다.

지름=1cm일 때, 원주의 길이=3.14cm

지름=2cm일 때, 원주의 길이=6.28cm

지름=3cm일 때, 원주의 길이=9.42cm

지름이 클수록 둘레의 길이가 커진다는 것을 알 수 있습니다. 이것을 다음과 같이 쓸 수 있습니다.

지름=1cm일 때, 원주의 길이=3.14×1
지름=2cm일 때, 원주의 길이=3.14×2
지름=3cm일 때, 원주의 길이=3.14×3

재미있는 결과가 나왔군요. 그러니까 원주의 길이는 지름의 길이에 비례한다는 것을 알 수 있습니다.

(원주의 길이)=3.14×(지름의 길이)

이때 비례상수 3.14를 원주율이라고 하고 π라고 씁니다. 물론 이 값은 소수 둘째 자리까지 측정한 근삿값입니다. 실제로 원주율 π는 반복되지 않는 끝이 없는 소수입니다. 그러므로 분수로 나타낼 수 없는 수입니다.

$\pi = 3.141592\cdots$

앞서 말한 제곱근 이외에 이런 수 또한 무리수라고 합니다.

우리는 원을 다룰 때 지름보다는 반지름으로 설명하는 것을 좋아합니다. 물론 반지름의 2배는 지름이지요. 그러므로 반지름이 r인 원주의 길이 l은 다음과 같습니다.

$$l = 2\pi r$$

그렇다면 원의 넓이는 어떻게 될까요? 원의 둘레의 길이를 이용하면 원의 넓이를 구할 수 있습니다.

유클리드가 갑자기 피자 1판을 꺼내어 같은 각도의 여러 조각으로 나누었다. 하나의 조각은 뾰족한 부채 모양 같았다. 유클리드는 피자 1조각을 들고 말했다.

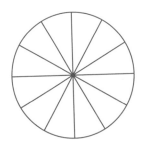

피자가 똑같은 모양의 12조각으로 나누어졌지요? 그러니까 피자의 넓이는 1조각 넓이의 12배가 됩니다. 이 조각은 아

주 뾰족한 부채꼴입니다. 하지만 폭이 너무 좁아서 거의 삼
각형처럼 보입니다. 만일 우리가 더 잘게 피자를 자를 수 있
다면(무한대의 조각으로 자르면) 조각의 모양은 거의 삼각형과
같아집니다. 이런 사실을 바탕으로 하여 지금 손에 들고 있
는 조각을 삼각형처럼 생각해 봅시다.

  이 삼각형은 두 변이 원의 반지름인 이등변삼각형입니다. 피
자의 반지름을 r이라고 합시다. 그리고 12조각의 밑변의 길이
는 원주의 길이 l의 $\frac{1}{12}$ 로 생각할 수 있습니다.

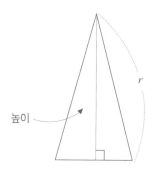

  이 삼각형의 높이는 거의 반지름 r과 같습니다. 물론 지금
은 차이가 나겠지만 피자를 무수히 잘게 자른다면 1조각을
나타내는 삼각형의 높이는 r이 될 것입니다.

  따라서 이 삼각형 조각은 밑변의 길이가 $\frac{1}{12}l$이고 높이가 r
인 삼각형으로 생각할 수 있습니다. 그러므로 피자 1조각의

넓이는 $\dfrac{1}{2} \times \dfrac{1}{12} l \times r = \dfrac{1}{24} lr$이 됩니다. 이것의 12배가 원의 넓이이므로 넓이를 S라고 하면

$$S = 12 \times \dfrac{1}{24} lr = \dfrac{1}{2} lr$$

이 됩니다. 여기에 $l = 2\pi r$를 사용하면 반지름이 r인 원의 넓이 S는 다음과 같이 됩니다.

$$S = \dfrac{1}{2} \times 2\pi r \times r = \pi r^2$$

부채꼴의 넓이

유클리드는 다시 새로운 피자 1판을 가지고 왔다. 그리고 6등분을 한 다음 1조각을 들었다.

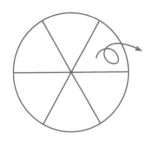

지금 내가 손에 들고 있는 피자 조각은 부채처럼 생겼지요? 이것을 부채꼴이라고 합니다. 피자의 반지름을 r이라고 하면 피자의 넓이는 πr^2입니다. 그럼 이 부채꼴의 넓이는 얼마일까요?

— 전체의 $\dfrac{1}{6}$이니까 $\dfrac{1}{6}\pi r^2$입니다.

그렇습니다. 부채꼴은 2개의 반지름과 원의 일부분인 곡선으로 이루어져 있습니다. 이때 두 반지름이 이루는 각을 부채꼴의 중심각이라고 합니다.

유클리드가 다시 조그맣게 피자 조각을 잘라 중심각을 각도기로 재었더니 $20°$였다.

이 부채꼴의 넓이는 얼마일까요?

학생들은 잠시 주춤거렸다. 이 조각이 전체의 몇 분의 몇인지 알 수 없었기 때문이었다.

비례식을 이용하면 되지요. 중심각이 커질수록 부채꼴의 넓이가 커지지요. 한 바퀴는 $360°$이므로 이 부채꼴의 넓이를 S라고 하면 $20° : 360° = S : \pi r^2$이 되므로 $360° \times S = 20° \times \pi r^2$ 입니다.

그러므로 부채꼴의 넓이는

$$S = \frac{20°}{360°} \times \pi r^2$$

이 됩니다. 따라서 다음과 같은 사실을 알 수 있습니다.

반지름이 r이고 중심각이 $a°$인 부채꼴의 넓이를 S라고 하면,
$S = \dfrac{a°}{360°} \times \pi r^2$이다.

수학자의 비밀노트

중심각을 모를 때 부채꼴의 넓이

중심각을 알 때 부채꼴(r : 부채꼴의 반지름, x : 부채꼴의 중심각, l : 부채꼴의 호의 길이, S : 부채꼴의 넓이)의 호의 길이 l을 구하는 식은 $l=2\pi r \times \dfrac{x}{360°}$ 이다.

이때 양변에 $\dfrac{1}{2}r$을 곱하면 $\dfrac{1}{2}rl = \pi r^2 \times \dfrac{x}{360°}$ 이고, 우변의 식은 부채꼴의 넓이를 구하는 식이므로 이 식을 다시 쓰면 $S=\dfrac{1}{2}rl$ 이다.

즉, 중심각을 모를 때 부채꼴의 넓이는 부채꼴의 반지름의 길이와 호의 길이를 알면 구할 수 있다.

냠냠, 피자가 정말 맛있어요.

이렇게 길이를 재고서….

피자는 먹지 않고 뭐 하고 있나요?

피자 조각의 넓이를 구해 보려고 하는데 잘 안 돼요.

피자 같이 부채꼴의 넓이를 구할 때는 비례식을 이용하면 되지요.

비례식이요?

피자 전체의 중심각은 360°이고, 부채꼴의 넓이를 S라고 합시다. 그러면 중심각이 커질수록 부채꼴의 넓이도 커지는 비례 관계를 이용하면 되지요.

아, 그렇군요.

그럼 각도기로 피자 조각의 중심각을 재어 보세요.

제가 가진 피자 조각의 중심각은 30°예요.

피자 조각의 반지름을 r이라 하면, $30° : 360° = S : \pi r$이라는 비례식을 세울 수 있지요.

그럼 부채꼴의 넓이는 $S = \dfrac{30°}{360°} \times \pi r$이 되는군요.

$$30° : 360° = S : \pi$$
$$360 \times S = 30 \times \pi$$
$$S = \frac{30°}{360°} \times \pi R$$

그러니까 반지름이 r이고 중심각이 x인 부채꼴의 넓이를 S라고 하면, $S = \dfrac{30°}{360°} \times \pi$이네요.

맞아요.

오~, 제법인데.

구의 겉넓이는 어떻게 구할까요?

원기둥이나 구와 같은 입체도형의 겉넓이는 어떻게 알 수 있을까요?
입체도형의 겉넓이에 대해 알아봅시다.

6

여섯 번째 수업

구의 겉넓이는
어떻게 구할까요?

유클리드는 종이로 만든
정육면체를 가지고 들어와
여섯 번째 수업을 시작했다.

　오늘은 입체도형의 겉넓이를 구하는 방법에 대해 알아보겠습니다.

　여러분이 알고 있는 대표적인 입체도형에는 정육면체, 원기둥, 구와 같은 것들이 있습니다.

　가장 간단한 정육면체의 겉넓이를 구하는 것부터 알아볼까요?

　유클리드는 한 변의 길이가 a인 종이로 만든 정육면체를 가지고 왔다. 그리고 변과 변을 붙인 부분을 떼어내 평면에 펼쳤다.

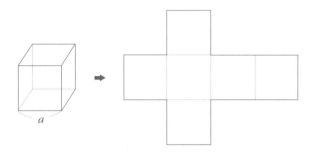

　　정육면체의 전개도가 나타났군요. 즉, 이 전개도를 접으면 정육면체가 만들어지지요. 그러므로 전개도의 넓이가 바로 정육면체의 겉넓이가 됩니다. 전개도는 한 변의 길이가 a인 6개의 정시각형으로 이루어져 있습니다. 따라서 정육면체의 겉넓이는 $6a^2$이 됩니다.

　　좀 더 복잡한 입체도형의 겉넓이를 구해 봅시다.

　　유클리드는 이번에는 종이를 붙여 만든 원기둥을 가지고 나왔다. 마찬가지로 한쪽을 떼어내 평면에 펼쳤다.

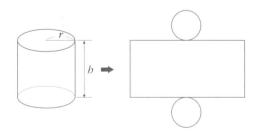

이것이 바로 원기둥의 전개도입니다. 원기둥의 전개도는 2개의 원과 직사각형으로 이루어져 있습니다. 그러므로 두 원의 넓이와 직사각형의 넓이의 합이 바로 원기둥의 겉넓이입니다.

이제 원의 반지름을 r, 원기둥의 높이를 b라고 하고 겉넓이를 구해 봅시다.

전개도에서 원 하나의 넓이는 πr^2입니다. 그럼 직사각형의 가로의 길이는 얼마일까요? 이 부분은 원과 만나는 곳입니다. 그러므로 가로의 길이는 원의 둘레의 길이 $2\pi r$과 같아야 합니다. 따라서 직사각형의 넓이는 $2\pi r \times b = 2\pi rb$가 되지요. 그러므로 원기둥의 겉넓이는 다음과 같습니다.

(원기둥의 겉넓이) $= 2\pi r^2 + 2\pi rb$

이번에는 원뿔에 대해 생각해 봅시다. 다음 원뿔을 보세요.

원뿔의 꼭짓점에서 밑면을 연결하는 직선을 원뿔의 모선이라고 합니다. 원뿔의 모선의 길이가 b이고 밑면의 반지름이 r이라고 합시다. 이 원뿔의 옆넓이는 얼마가 될까요? 역시 원뿔의 전개도를 그리면 됩니다.

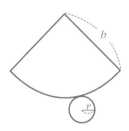

　　부채꼴의 넓이가 바로 원뿔의 옆넓이입니다. 부채꼴의 넓이를 알기 위해서는 중심각을 알아야 합니다. 그런데 우리는 중심각을 모르지요? 하지만 모선의 길이와 호의 길이만으로도 부채꼴의 넓이를 구할 수 있습니다. 부채꼴의 호의 길이는 원(밑면)의 둘레의 길이인 $2\pi r$입니다.

　　다음 그림을 보세요.

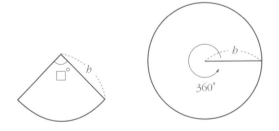

이 부채꼴은 반지름이 b인 원의 일부분입니다. 그 중심각을 $\square°$라고 하면 호의 길이는 각도에 비례하므로 다음과 같은 관계가 성립합니다.

$$\square° : 360° = 2\pi r : 2\pi b$$

$$\square° = 360° \times \frac{r}{b}$$

따라서 중심각이 $\square°$인 부채꼴의 넓이는 다음과 같이 되지요.

$$\frac{\square°}{360°} \times \pi b^2 = \frac{r}{b} \times \pi b^2 = \pi r b$$

그러므로 밑면의 반지름이 r, 모선의 길이가 b인 원뿔의 겉넓이는 다음과 같습니다.

$$(원뿔의\ 겉넓이) = \pi r^2 + \pi r b$$

__ 선생님, 식에서 πr^2은 무엇인가요?

원뿔은 옆면이 부채꼴, 밑면이 원으로 이루어진 입체도형이지요. 따라서 두 도형의 넓이를 더한 것이 겉넓이입니다.

구의 겉넓이

    지금까지 전개도를 이용하여 입체도형의 겉넓이를 구해 보았습니다. 그럼 전개도가 없는 입체도형의 겉넓이는 어떻게 구할까요? 대표적인 도형이 바로 구입니다. 구는 전개도가 없지요.

    그렇다면 구의 겉넓이는 어떻게 구할까요?

    이것을 구하기 위해서 먼저 다음과 같은 작업을 해 봅시다. 다음 그림과 같이 선분 CD를 직선 g 주위로 한 바퀴 돌린 도형을 생각합시다. 이때 모양이 스탠드 덮개와 비슷하게 되지요.

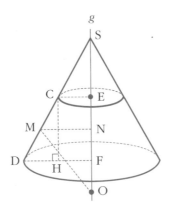

    선분 CD의 중점 M에서 선분 CD의 수선이 직선 g와 만나는 점이 O이고 점 C, D에서 직선 g에 내린 수선의 발이 각각

점 E, F입니다. 또한 선분 EF의 중점이 N이고 점 C에서 선분 DF에 내린 수선의 발이 점 H입니다.

이제 선분 DF가 반지름인 원을 밑면으로 하는 원뿔의 모선의 길이는 선분 SD이므로 옆넓이는 다음과 같습니다.

$$\pi \times \overline{DF} \times \overline{SD}$$

선분 CE가 반지름인 원을 밑면으로 하는 원뿔의 옆넓이는 모선의 길이가 선분 SC이므로 다음과 같지요.

$$\pi \times \overline{CE} \times \overline{SC}$$

따라서 선분 CD를 직선 g 주위로 1바퀴 돌린 입체의 옆넓이 A는 다음과 같습니다.

$$A = \pi \times \overline{DF} \times \overline{SD} - \pi \times \overline{CE} \times \overline{SC} \ \cdots\cdots \ (1)$$

다음 페이지의 삼각형을 봅시다.

변 CH와 변 SF가 평행이므로 $\angle CHD = \angle SFD = 90°$이고, $\angle CDH$가 공통이므로 두 삼각형 SDF와 CDH는 닮음입니

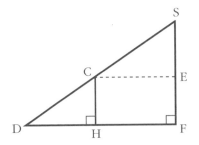

다. 따라서 변의 길이의 사이에 다음과 같은 관계가 성립합니다.

$$\overline{SD} : \overline{DF} = \overline{CD} : \overline{DH}$$

이것을 변 SD에 대해 풀면 다음과 같이 되지요.

$$\overline{SD} = \frac{\overline{DF} \times \overline{CD}}{\overline{DH}} \quad \cdots\cdots (2)$$

다음 두 삼각형을 보지요.

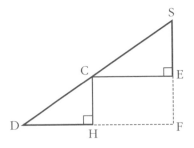

변 CE와 DF가 평행이므로 $\angle SEC = \angle CHD = 90°$ 이고, $\angle$ SCE와 $\angle CDH$는 동위각으로 같습니다. 따라서 두 삼각형 SCE와 CDH는 닮음이므로 다음과 같이 됩니다.

$$\overline{SC} : \overline{CE} = \overline{CD} : \overline{DH}$$

이것을 변 SC에 대해 풀면 다음과 같이 되지요.

$$\overline{SC} = \frac{\overline{CE} \times \overline{CD}}{\overline{DH}} \ \cdots\cdots \ (3)$$

식 (2), (3)을 식 (1)에 넣으면 다음과 같이 됩니다.

$$A = \pi \times \overline{DF} \times \frac{\overline{DF} \times \overline{CD}}{\overline{DH}} - \pi \times \overline{CE} \times \frac{\overline{CE} \times \overline{CD}}{\overline{DH}}$$

$$= \pi \times \overline{CD} \times \frac{\overline{DF}^2 - \overline{CE}^2}{\overline{DH}} \ \cdots\cdots \ (4)$$

그림에서 변 DH는 변 DF에서 변 HF를 뺀 길이이고 변 HF 는 변 CE와 같으므로 다음과 같이 됩니다.

$$\overline{DH} = \overline{DF} - \overline{CE} \ \cdots\cdots \ (5)$$

여기서 $\overline{DF}^2 - \overline{CE}^2 = (\overline{DF} - \overline{CE}) \times (\overline{DF} + \overline{CE})$가 성립합니다. 예를 들어 $5^2 - 3^2 = (5+3) \times (5-3)$이라는 것을 쉽게 확인할 수 있습니다. 이것을 이용하면

$$\frac{\overline{DF}^2 - \overline{CE}^2}{\overline{DH}} = \overline{DF} + \overline{CE}$$

가 되어 다음과 같이 됩니다.

$$A = \pi \times \overline{CD} \times (\overline{DF} + \overline{CE}) \cdots\cdots (6)$$

이번에는 다음 사다리꼴을 살펴봅시다.

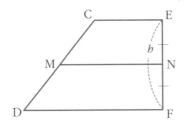

큰 사다리꼴 CDFE는 선분 MN에 의해 2개의 사다리꼴로 나누어져 있습니다. 그러므로 큰 사다리꼴의 넓이는 사다리꼴 2개의 넓이의 합이 되지요. 점 N이 변 EF의 중점이므로 큰 사다리꼴의 높이(EF)를 b라고 하면 작은 사다리꼴의 높이

는 $\dfrac{b}{2}$가 됩니다.

큰 사다리꼴의 넓이는 $\dfrac{(\overline{CE}+\overline{DF})\times b}{2}$가 되고, 작은 2개의 사다리꼴의 넓이의 합은 다음과 같지요.

$$\dfrac{(\overline{CE}+\overline{MN})\times \dfrac{b}{2}}{2} + \dfrac{(\overline{MN}+\overline{DF})\times \dfrac{b}{2}}{2}$$

따라서 사다리꼴의 넓이를 다음과 같이 나타낼 수 있습니다.

$$\dfrac{(\overline{CE}+\overline{DF})\times b}{2} = \dfrac{(\overline{CE}+\overline{MN})\times \dfrac{b}{2}}{2} + \dfrac{(\overline{MN}+\overline{DF})\times \dfrac{b}{2}}{2}$$

양변에 4를 곱하고 b로 나누면 다음과 같이 되지요.

$$2(\overline{CE}+\overline{DF}) = \overline{CE}+\overline{DF}+2\times\overline{MN}$$

이것을 정리하면 다음과 같이 됩니다.

$$\overline{CE}+\overline{DF} = 2\times\overline{MN} \ \cdots\cdots (7)$$

이 결과를 식 (6)에 넣으면 구하려는 넓이 A는 다음과 같습니다.

$$A = 2\pi \times \overline{CD} \times \overline{MN} \quad \cdots\cdots (8)$$

학생들은 유클리드가 왜 이렇게 긴 계산을 하는지 궁금해했다.

자, 이제 식 (8)을 다르게 표현해 보도록 할까요?
다음 그림을 봅시다.

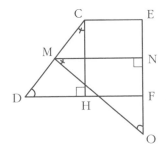

이 그림에서 삼각형 MNO와 삼각형 CHD는 닮음입니다.
둘 다 직각삼각형이고 ∠DCH = ∠OMN이기 때문입니다. 그
러므로 변의 길이의 사이에 다음과 같은 관계가 성립합니다.

$$\overline{MN} : \overline{OM} = \overline{CH} : \overline{DC}$$
$$\overline{MN} \times \overline{DC} = \overline{OM} \times \overline{CH}$$

여기서 변 CH와 변 EF는 길이가 같으므로

$$\overline{MN} \times \overline{DC} = \overline{OM} \times \overline{EF} \cdots\cdots (9)$$

가 되지요. 식 (9)를 식 (8)에 넣으면 우리가 구하려는 넓이 A는 다음과 같이 됩니다.

$$A = 2\pi \times \overline{OM} \times \overline{EF} \cdots\cdots (10)$$

이것이 우리가 얻고자 하는 식입니다.

이제 이 식을 이용하여 구의 겉넓이를 구할 수 있습니다. 반지름이 r인 구의 겉넓이를 구해 봅시다. 이것은 반지름이 r인 반원의 지름을 회전축으로 1바퀴 회전하여 만들 수 있습니다.

반원의 지름 AB를 회전축으로 하고 다음 페이지의 그림과 같이 같은 간격으로 5개의 점 P, Q, R, S, T를 택한 다음 이 점들로부터 지름 AB로의 수선의 발을 각각 점 P′, Q′, O, S′, T′이라고 합시다.

이때 선분 AP, PQ, QR, RS, ST, TB를 회전축 AB로 1바퀴 돌린 입체의 옆넓이는 구의 겉넓이와 거의 비슷한 값이 됩니

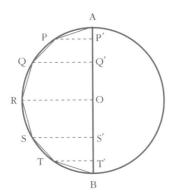

다. 만일 우리가 무한히 많은 점을 택한다면 완전히 일치한다고 말할 수 있을 것입니다.

　예를 들어, 선분 PQ를 1바퀴 회전시킨 입체의 옆넓이를 생각합시다.

　원의 중심 O에서 선분 PQ에 내린 수선의 발을 M이라고 하면, 식 (10)에 의해 선분 PQ를 한 바퀴 회전시킨 입체의 옆넓이는 다음과 같습니다.

$$2\pi \times \overline{OM} \times \overline{P'Q'}$$

　그러므로 선분 AP, PQ, QR, RS, ST, TB를 회전축 AB로 1바퀴 돌린 입체의 옆넓이는 다음과 같이 됩니다.

$$2\pi \times \overline{\text{OM}} \times (\overline{\text{AP}'} + \overline{\text{P}'\text{Q}'} + \overline{\text{Q}'\text{O}} + \overline{\text{OS}'} + \overline{\text{S}'\text{T}'} + \overline{\text{T}'\text{B}})$$

그런데

$$\overline{\text{AP}'} + \overline{\text{P}'\text{Q}'} + \overline{\text{Q}'\text{O}} + \overline{\text{OS}'} + \overline{\text{S}'\text{T}'} + \overline{\text{T}'\text{B}} = \overline{\text{AB}} = 2r$$

이므로 이 식은 다음과 같이 되지요.

$$2\pi \times \overline{\text{OM}} \times 2r$$

우리가 무한히 많은 점을 선택하여 이 계산을 한다면 $\overline{\text{OM}}$ 은 반지름 r과 같아집니다. 물론 그때 이 넓이는 바로 반지름 이 r인 구의 겉넓이가 되지요. 따라서 구의 겉넓이는

$$(구의\ 겉넓이) = 2\pi \times r \times 2r = 4\pi r^2$$

이 된다는 것을 알 수 있습니다.

선생님, 오셨어요? 그런데… 흠, 흠. 생일 선물은 없나요?

왜 없겠어요. 선물은 바로 철이 머리 위에 있는 걸요?

제 머리엔 고깔모자밖에 없는데요.

하하, 맞아요. 고깔모자는 원뿔 모양이죠? 내 생일 선물은 원뿔의 겉넓이 구하는 방법이에요.

앗, 정말이요?

네. 이것은 밑면의 반지름이 r, 모선의 길이가 h인 원뿔이에요. 원뿔의 겉넓이는 전개도를 그려서 구하면 쉽지요.

그런데 원뿔의 옆면은 부채꼴이니까 넓이를 구하기 위해서는 중심각을 알아야 하지 않나요?

이 부채꼴은 반지름이 h인 원의 일부분이고, 그 중심각을 $x°$라고 하면 호의 길이는 각도에 비례하기 때문에 $x° : 360° = 2\pi r : 2\pi h$가 되지요.

그러면 $x = 360° \times \dfrac{r}{h}$이니까

중심각이 $x°$인 부채꼴의 넓이는

$\dfrac{x}{360°} \times \pi h^2 = \dfrac{r}{h} \times \pi h^2 = \pi rh$예요.

여기에 밑면의 넓이를 더하면 원뿔의 겉넓이지요.

전개도를 이용하니까 정말 편하네요. 선생님, 생일 선물 감사합니다.

하하, 기쁘게 받아 주니 내가 더 고마운 걸요.

(원뿔의 겉넓이)
$= \pi h^2 + \pi rh$

7

구의 부피는

어떻게 구할까요?

원뿔을 더해 구를 만들 수 있을까요?
구의 부피를 구하는 방법을 알아봅시다.

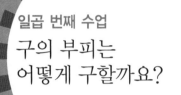

일곱 번째 수업

구의 부피는
어떻게 구할까요?

유클리드는 여러 가지 입체의
부피를 구해 보자며
일곱 번째 수업을 시작했다.

오늘은 여러 가지 입체의 부피에 대해 알아보겠습니다.

　입체의 부피를 구할 때 기본이 되는 것은 한 변의 길이가
1cm인 정육면체입니다. 앞으로 이
정육면체를 기본 정육면체라고 부르
겠습니다.

　이 정육면체의 부피는 1㎤입니다.
이제 이것을 이용하여 좀 더 복잡한
입체도형의 부피를 알아보겠습니다.

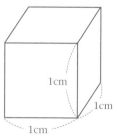

유클리드는 기본 정육면체 8개를 다음과 같이 놓았다.

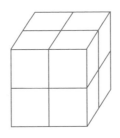

한 변의 길이가 2cm인 정육면체가 되었군요. 이 입체의 부피는 하나의 부피가 1cm³인 정육면체 8개의 부피의 합과 같으므로 8cm³입니다.

유클리드는 기본 정육면체 27개를 다음과 같이 놓았다.

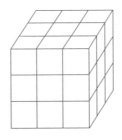

한 변의 길이가 3cm인 정육면체가 되었군요. 이 입체의 부피는 하나의 부피가 1cm³인 정육면체 27개의 부피의 합과 같

으므로 27cm³입니다. 이것을 정리하면 다음과 같습니다.

한 변의 길이＝1cm일 때, 정육면체의 부피＝1cm³

한 변의 길이＝2cm일 때, 정육면체의 부피＝8cm³

한 변의 길이＝3cm일 때, 정육면체의 부피＝27cm³

거듭제곱을 이용하면 다음과 같이 됩니다.

한 변의 길이＝1cm일 때, 정육면체의 부피＝1^3cm³

한 변의 길이＝2cm일 때, 정육면체의 부피＝2^3cm³

한 변의 길이＝3cm일 때, 정육면체의 부피＝3^3cm³

그러므로 한 변의 길이가 a인 정육면체의 부피는 a^3이 된다는 것을 알 수 있습니다. 그럼 직육면체의 부피는 어떻게 될까요?

유클리드는 기본 정육면체를 2층으로 쌓은 직육면체를 만들었다.

밑면의 가로의 길이는 3cm, 세로의 길이는 4cm이고 높이는 2cm입니다. 즉, 기본 정육면체가 2층으로 쌓여 있지요? 한 층

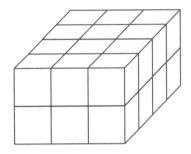

에 있는 기본 정육면체의 수는 12개입니다. 여기서 12는 3×4 에서 나왔습니다. 이 직육면체는 2층이므로 전체 기본 정육면체의 수는 $2 \times 3 \times 4 = 24$(개)입니다. 따라서 이 직육면체의 부피는 $24\,cm^3$가 되지요.

아하! 그러니까 직육면체의 부피는 다음과 같군요.

(직육면체의 부피) = (가로) $\times$ (세로) $\times$ (높이)

이것을 다르게 생각할 수도 있습니다. (가로) $\times$ (세로)는 이 입체도형의 밑면의 넓이입니다. 이 도형은 밑면과 윗면의 모양이 같습니다. 이런 도형을 기둥이라고 합니다. 이 경우는 밑면의 모양이 사각형이므로 사각기둥이라고 합니다.

즉, 직육면체로 보지 않고 사각기둥으로 본다면 이것의 부피는 다음과 같이 됩니다.

(사각기둥의 부피) = (밑면의 넓이) × (높이)

이것은 사각기둥뿐 아니라 삼각기둥, 원기둥과 같은 모든 기둥에 성립하는 공식입니다.

각뿔의 부피

이번에는 각뿔의 부피를 구해 봅시다.

유클리드는 밑면의 한 변이 10cm인 정사각형이고, 높이가 10cm 인 사각뿔에 모래를 가득 담았다. 그 모래를 한 변의 길이가 10cm 인 정육면체의 상자에 부었다.

밑면의 한 변이 10cm로 정사각형이고 높이가 10cm인 사 각뿔에 담겨 있던 모래를 정육면체에 부었더니 전체 높이의

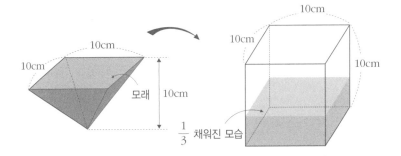

$\dfrac{1}{3}$까지 채워졌습니다. 그러니까 사각뿔의 부피는 같은 밑면과 같은 높이를 갖는 사각기둥 부피의 $\dfrac{1}{3}$이라는 것을 알 수 있습니다. 즉, 다음과 같습니다.

밑면의 넓이가 S이고 높이가 h인 각뿔이나 원뿔의 부피는 $\dfrac{1}{3}Sh$이다.

이제 이것을 증명해 보도록 하겠습니다. 다음과 같이 한 변의 길이가 a인 정육면체의 중심 O와 8개의 꼭짓점을 연결해 봅시다.

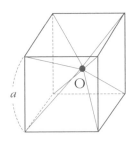

그럼 점 O를 꼭짓점으로 하는 사각뿔이 6개가 만들어집니다. 그러므로 사각뿔의 부피 V는 정육면체의 부피의 $\frac{1}{6}$이 되지요. 즉, V $= \frac{1}{6}a^3$입니다. 이것을 다음과 같이 고쳐 쓸 수 있습니다.

$$V = \frac{1}{3} \times a^2 \times \frac{a}{2}$$

여기서 a^2은 사각뿔의 밑면의 넓이 S이고 $\frac{a}{2}$는 사각뿔의 높이 b입니다. 그러므로 다음과 같이 되지요.

$$V = \frac{1}{3}Sb$$

구의 부피

이것을 이용하면 우리는 구의 부피를 구할 수 있습니다. 구면을 하나의 면이 아주 작아지도록 여러 조각으로 나누어 봅시다.

이렇게 나누어진 면을 밑면으로 하고

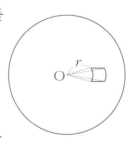

구의 중심 O를 꼭짓점으로 하는 각뿔을 생각하면 각뿔의 높이는 반지름 r이 됩니다.

이렇게 만들어진 각뿔의 부피를 모두 더하면 전체 구의 부피가 됩니다.

$$V = \frac{1}{3} \times (\text{조각 면의 넓이를 구면에 대해 모두 더한 것}) \times r$$

$$= \frac{1}{3} \times (\text{구면의 넓이}) \times r$$

$$= \frac{1}{3} \times (4\pi r^2) \times r$$

그러므로 반지름이 r인 구의 부피를 V라고 하면 다음과 같습니다.

$$V = \frac{4}{3} \pi r^3$$

만화로 본문 읽기

흠음, 어느 그릇이 가장 많이 들어갈까?

부피를 구하면 금방 비교가 되지 않겠나?

부피? 직육면체는 가로, 세로, 높이를 곱해서 구하면 되겠지만 구의 부피도 구할 수 있나?

후후, 당연하지. 알고 보면 쉽다네. 삼각뿔의 부피를 구하는 방법에서 힌트를 얻을 수 있지.

한 변의 길이가 a인 정육면체의 중심 O와 8개의 꼭짓점을 연결하면 O를 꼭짓점으로 하는 사각뿔 6개가 만들어지겠지? 이 방법처럼 구면을 아주 작은 조각으로 나누어 보세.

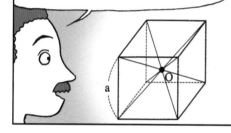

이렇게 나누어진 면을 밑면으로 하고 구의 중심 O를 꼭짓점으로 하는 각뿔을 생각하면 각뿔의 높이는 반지름 r이 되겠지? 그리고 이렇게 만들어진 각뿔의 부피를 모두 더하면 전체 구의 부피가 되는 거지.

즉, 식으로 쓰면 이렇게 되지.

$$V = \frac{1}{3} \times (\text{조각 면의 넓이를 구면에 대해 모두 더한 것}) \times r$$

$$= \frac{1}{3} \times (\text{구면의 넓이}) \times r$$

$$= \frac{1}{3} \times (4\pi r^2) \times r$$

$$= \frac{4}{3} \pi r^3$$

오,~ 놀랍군.

구를 그렇게 작은 조각으로 나누어 생각하다니, 소심한 자네가 아니면 생각하기 어려운 문제군 그래.

어허, 이보게!

8

복잡한 도형의
넓이 구하기

우리가 알고 있는 간단한 도형의 넓이 구하는 공식을 이용하여
복잡한 도형의 넓이를 구하는 방법을 알아봅시다.

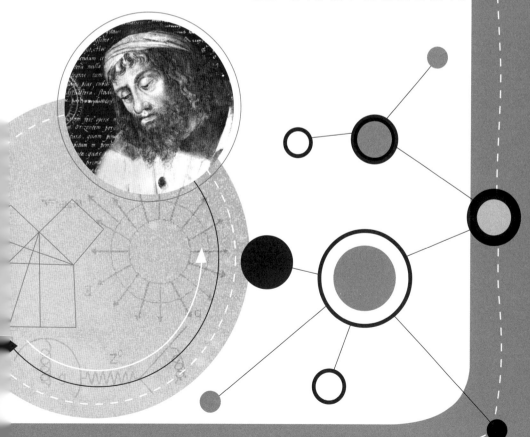

여덟 번째 수업

복잡한 도형의
넓이 구하기

유클리드는 좀 더 복잡한 도형의
넓이도 구해 보자며
여덟 번째 수업을 시작했다.

오늘은 지금까지 공부한 도형의 넓이를
이용하여 좀 더 복잡한 도형의 넓이를 계
산하는 방법에 대해 알아보겠습니다.

오른쪽 그림을 봅시다.

색칠한 부분의 넓이는 다음과 같이 구할 수 있습니다.

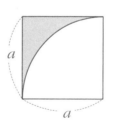

아하! 한 변의 길이가 a인 정사각형의 넓이에서 반지름이 a인 원의 넓이의 $\frac{1}{4}$을 빼면 되겠군요. 따라서 구하는 넓이를 S라고 하면 $S = a^2 - \frac{1}{4}\pi a^2$이 되지요.

히포크라테스의 초승달

이번에는 좀 더 구하기 어려운 도형의 넓이를 구해 봅시다. 다음 그림을 보지요.

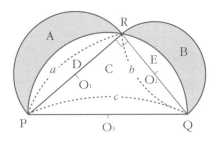

색칠한 부분의 넓이를 구하는 것이 우리가 해결해야할 문제입니다. 색칠한 부분의 넓이를 A, B라고 합시다. A와 B가 초승달의 모양을 닮아 이것을 히포크라테스의 초승달이라고 합니다. 여기서 A의 위쪽 부분은 점 O_1을 중심으로 하는 반원이고, B의 위쪽 부분은 점 O_2를 중심으로 하는 반원이며,

A, B의 아래쪽 부분은 점 O_3를 중심으로 하는 반원의 일부입니다.

삼각형 PQR의 넓이를 C라고 합시다. 이때 ∠R은 직각입니다. 이 각이 왜 직각이 되는지 알아봅시다. 아래 그림과 같이 R과 O_3를 연결하면 삼각형 PO_3R은 이등변삼각형이므로 두 밑각은 같습니다. 이 밑각을 α라고 합시다. 마찬가지로 삼각형 O_3QR도 이등변삼각형입니다. 이것의 두 밑각을 β라고 합시다.

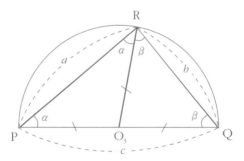

삼각형의 내각의 합은 $180°$이므로 $\alpha + (\alpha + \beta) + \beta = 180°$가 됩니다. 즉, $\alpha + \beta$의 2배가 $180°$이므로 $\alpha + \beta = 90°$가 됩니다.

이것을 이용하면 두 초승달의 넓이의 합(A+B)을 구할 수 있습니다. 변 PR, RQ, PQ의 길이를 각각 a, b, c라고 하면 피타고라스의 정리에 의해 $c^2 = a^2 + b^2$이 성립하고 점 O_3를 중심으로 하는 반원은 반지름이 $\dfrac{c}{2}$이므로 이 반원의 넓이는 $\dfrac{1}{2}\pi\left(\dfrac{c}{2}\right)^2$

이 되어 $\frac{1}{8}\pi c^2 = C + D + E$가 됩니다.

여기서 C는 직각삼각형의 넓이 $\frac{1}{2}ab$이므로

$$D + E = \frac{1}{8}\pi c^2 - \frac{1}{2}ab \cdots\cdots (1)$$

가 됩니다.

한편 점 O_1을 중심으로 하는 반원의 넓이는

$$A + D = \frac{1}{8}\pi a^2 \cdots\cdots (2)$$

이 되고 점 O_2을 중심으로 하는 반원의 넓이는

$$B + E = \frac{1}{8}\pi b^2 \cdots\cdots (3)$$

이 됩니다. 이제 식 (2)와 (3)을 더하면

$$A + B + D + E = \frac{1}{8}\pi(a^2 + b^2) = \frac{1}{8}\pi c^2 \cdots\cdots (4)$$

이 되고 여기에 식 (1)을 넣으면

$$A + B + \frac{1}{8}\pi c^2 - \frac{1}{2}ab = \frac{1}{8}\pi c^2$$

이 되어 구하는 넓이(A + B)는

$$A + B = \frac{1}{2}ab$$

로 직각삼각형 PQR의 넓이와 같아집니다.

복잡한 도형의 넓이

또 다른 복잡한 도형의 넓이를 구해 봅시다.

다음 도형을 봅시다. 색칠한 부분의 넓이는 어떻게 구할까요?

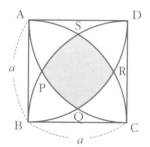

정사각형 ABCD의 한 변의 길이는 a이고 호 AC는 점 B를

중심으로 하고 반지름이 a인 원의 $\frac{1}{4}$이며 다른 세 호도 각 꼭 짓점을 중심으로 한 원의 $\frac{1}{4}$입니다.

점 S와 C 그리고 점 S와 B를 연결해 봅시다.

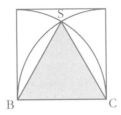

우선 삼각형 BCS는 정삼각형이므로 부채꼴 BCS는 중심각이 $60°$입니다. 그러므로 부채꼴 BCS의 넓이는 다음과 같이 되지요.

$$(\text{부채꼴의 BCS의 넓이}) = \pi a^2 \times \frac{60°}{360°} = \frac{1}{6}\pi a^2$$

또한 삼각형 SBC는 한 변의 길이가 a인 정삼각형이므로 그 넓이는 $\frac{\sqrt{3}}{4}a^2$이 됩니다.

그럼 활꼴 SPB의 넓이를 구해 볼까요? 활꼴이란 부채꼴에서 호와 현으로 이루어진 도형을 말합니다.

이제 활꼴 SPB의 넓이는 부채꼴 BCS의 넓이에서 정삼각형 BCS의 넓이를 빼 주면 됩니다.

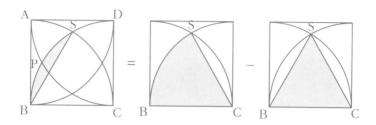

(활꼴 SPB의 넓이) $= \dfrac{1}{6}\pi a^2 - \dfrac{\sqrt{3}}{4}a^2$

한편 부채꼴 ABS는 중심각이 30°이므로 그 넓이는 다음과 같습니다.

(부채꼴의 ABS의 넓이) $= \pi a^2 \times \dfrac{30°}{360°} = \dfrac{1}{12}\pi a^2$

이제 도형의 넓이를 구하기 위한 준비를 모두 마쳤습니다. 다음 그림의 색칠한 부분을 봅시다.

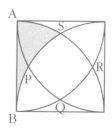

이 부분의 넓이를 S라고 하면 다음과 같이 계산됩니다.

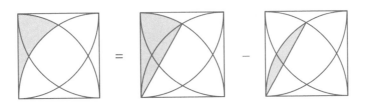

$$S = \frac{1}{12}\pi a^2 - \left(\frac{1}{6}\pi a^2 - \frac{\sqrt{3}}{4}a^2\right) = \frac{\sqrt{3}}{4}a^2 - \frac{1}{12}\pi a^2$$

따라서 구하려고 하는 색칠한 부분의 넓이는 정사각형의 넓이에서 S의 4배를 빼면 됩니다.

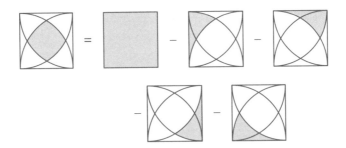

그러므로 구하는 넓이는 다음과 같이 되지요.

$$(\text{PQRS의 넓이}) = a^2 - 4S = a^2 + \frac{1}{3}\pi a^2 - \sqrt{3}a^2$$

9

정다면체는
몇 종류일까요?

정사면체, 정육면체처럼 모든 면이 같은 꼴의
정다각형으로 이루어진 입체도형을 정다면체라고 합니다.
정다면체는 몇 종류가 있는지 알아봅시다.

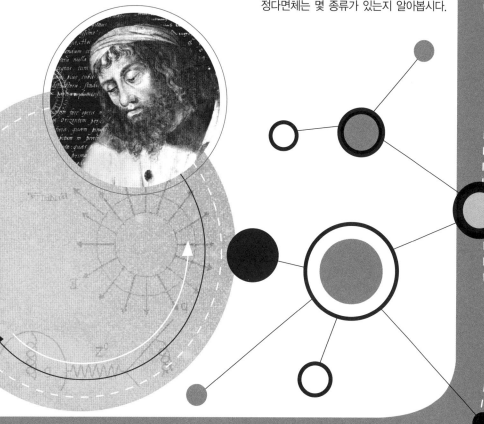

9

마지막 수업

정다면체는
몇 종류일까요?

유클리드는 아쉬움을 뒤로 한 채 마지막 수업을 시작했다.

학생들은 그동안의 수업이 조금 어렵기는 했지만 자신들이 몰랐던 공식을 증명할 수 있다는 것에 기뻐했다. 그리고 유클리드와 더 많은 시간을 갖지 못한 것을 아쉬워하는 눈치였다. 물론 유클리드의 마음도 학생들과 같았다.

오늘은 좀 더 특별한 성질이 있는 정다면체의 종류에 대해 알아봅시다.

유클리드는 4개의 똑같은 정삼각형을 붙여 정사면체를 만들었다.

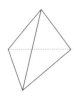 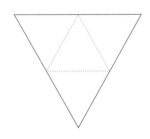

4개의 면이 모두 똑같은 정삼각형으로 이루어져 있지요? 오른쪽 그림은 정사면체의 전개도입니다. 이렇게 모든 면이 합동인 정다각형으로 이루어진 입체도형을 정다면체라고 합니다. 이 경우는 4개의 면이 모여 만들어지므로 정사면체가 되지요.

정삼각형의 한 내각의 크기는 얼마지요?

＿60° 입니다.

그렇습니다. 따라서 정사면체의 한 꼭짓점에 모인 내각의 합은 $3 \times 60° = 180°$ 가 됩니다.

정다각형은 정삼각형, 정사각형, 정오각형, … 이런 식으로 얼마든지 만들 수 있습니다. 그렇다면 정다면체의 경우도 그럴까요? 그러니까 정사면체, 정오면체, 정육면체, … 이런 식으로 무수히 많은 정다면체가 만들어질까요?

결론부터 말하면 그렇지가 못합니다. 정다면체가 되는 조건은 아주 까다롭기 때문이지요. 왜 그런지 생각해 봅시다.

유클리드는 한 점에서 만나면서 각도를 변화시킬 수 있는 3개의 철사를 가지고 왔다. 철사들 사이의 각도를 변화시켜 보기 위해서였다. 처음에 그는 3개의 철사들이 서로 120°를 이루도록 놓았다.

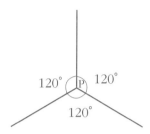

3개의 철사가 꼭짓점 P에서 만났지요? 꼭짓점에서 만나는 세 각의 합이 360°가 됩니다. 360°는 평면을 1바퀴 돌 때의 각도입니다.

따라서 세 각이 평면에 놓이게 되므로 점 P를 꼭짓점으로 하는 입체도형은 만들어지지 않습니다.

유클리드는 점 P에서 만나는 철사들 사이의 각도를 작게 만들었다. 순간 점 P가 꼭짓점이 되면서 3개의 삼각형 모양의 옆면이 생겼다.

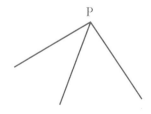

이제 입체도형이 만들어지는군요. 이렇게 한 꼭짓점에서 만나는 각의 합이 360°보다 작을 때 입체도형이 만들어집니다.

이제 어떤 정다면체들이 가능한지 찾아봅시다. 우선 입체도형이 만들어지기 위해서는 3개 이상의 면이 한 점에 모여야 합니다.

유클리드는 2개의 정사각형을 변끼리 붙여 서로 직각이 되도록 했다.

여러분이 보는 것처럼 2개의 정사각형이 만나서는 입체도형을 만들 수 없습니다. 하지만 3개의 정사각형을 붙이면 입체도형을 만들 수 있지요.

유클리드는 3개의 정사각형을 변끼리 붙여 서로 직각이 되도록 했다.

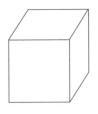

먼저 정삼각형으로 이루어진 정다면체에는 어떤 것들이 있는지 알아봅시다. 정삼각형의 한 내각의 크기는 $60°$ 이지요? 정삼각형이 한 점에 3개 모이면 $3 \times 60° = 180° < 360°$ 이므로 한 점에 정삼각형이 3개 모인 정다면체는 만들어집니다. 이것이 바로 정사면체이지요.

한 점에 정삼각형이 4개 모이면 $4 \times 60° = 240° < 360°$ 이므로 한 점에 정삼각형이 4개 모인 정다면체는 만들어집니다. 이것이 바로 정팔면체이지요.

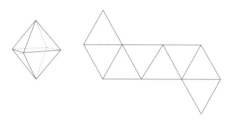

한 점에 정삼각형이 5개 모이면 $5 \times 60° = 300° < 360°$ 이므로 한 점에 정삼각형이 5개 모인 정다면체는 만들어집니다. 이것이 바로 정이십면체이지요.

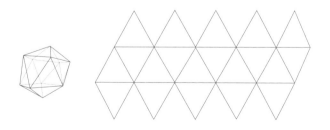

그럼 한 점에 정삼각형이 6개 모인 정다면체는 있을까요? 그 때는 $6 \times 60° = 360°$가 되니까 정다면체가 만들어지지 않습니다. 같은 이유로 한 점에 정삼각형이 7개 이상 모인 정다면체는 없습니다. 그러므로 하나의 면이 정삼각형인 정다면체는 3 종류입니다.

이번에는 한 면의 모양이 정사각형인 정다면체에 대해 알아보지요. 정사각형의 한 내각의 크기는 90°입니다. 한 점에 정사각형이 3개 모이면 $3 \times 90° = 270° < 360°$이므로 한 점에 정사각형이 3개 모인 정다면체는 만들어집니다. 이것이 바로 정육면체입니다.

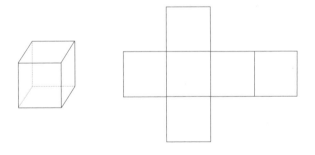

다음으로 한 점에 정사각형이 4개 모이면 $4 \times 90° = 360°$가 되므로 이런 입체도형은 만들어지지 않습니다. 그러므로 정사각형으로 만들 수 있는 입체도형은 정육면체 하나뿐입니다.

이번에는 정오각형으로 만들 수 있는 정다면체에 대해 알아봅시다. 정오각형의 한 내각의 크기는 108° 입니다. 그러므로 한 점에 정오각형 3개가 모이면 $3 \times 108° = 324° < 360°$ 가 되어 한 점에 정오각형이 3개 모이는 정다면체는 만들어집니다. 이것이 바로 정십이면체이지요.

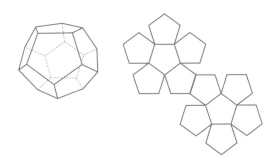

하지만 정오각형이 한 점에 4개 모이면 $4 \times 108° = 432° > 360°$ 가 되어 이런 입체도형은 만들어지지 않습니다. 그러므로 정오각형으로 만들 수 있는 정다면체는 정십이면체 하나뿐입니다.

그럼 정육각형으로 만들 수 있는 정다면체는 있을까요? 정육각형의 한 내각의 크기는 120°입니다. 그러므로 한 점에 정육각형 3개가 모이면 $3 \times 120° = 360°$가 되어 입체도형이 만들어지지 않습니다. 그러므로 한 면이 정육각형인 정다면체는 없습니다. 정칠각형, 정팔각형, … 은 한 내각의 크기가 120°보다 커지므로 이런 도형들이 한 점에 3개 모이면 각이 360°보다 커

지게 되어 입체도형을 만들 수 없습니다. 그러므로 정다면체
는 정사면체, 정육면체, 정팔면체, 정십이면체, 정이십면체
5개뿐입니다.

수학자의 비밀노트

준정다면체

1종류의 정다각형으로 구성된 다면체가 정다면체라면, 2종류 이상의 정다각형
으로 구성된 다면체를 준정다면체라고 한다.

정다면체를 변형시켜 만드는 방법으로 준정다면체를 분류하면 다음과 같이 4
종류로 나눌 수 있다.

1. **깎인 정다면체(1)** : 정다면체를 각 꼭짓점으로부터 일정한 거리에 있는 지
점을 지나는 평면으로 잘라서 만든다.

2. **깎인 정다면체(2)** : 서로 쌍대인 다면체에 대해 각 모서리의 중점을 지나는
평면으로 잘라서 만든다.

3. **이중절단된 준정다면체** : 정다면체의 꼭짓점 부분을 자른 후, 이것의 모서
   리 부분을 다시 잘라서 만든다.

   4. **부풀려 만들어지는 준정다면체** : 정육(십이)면체의 각 면을 떼어내어
   적당한 간격을 두고 떨어지게 한 후, 그 사이를 정삼각형으로 메워서 만
   든다.

3개의 정사각형을 변끼리 붙여 서로 직각이 되도록 하면 입체도형이 만들어지지. 즉, 3개의 도형을 붙이면 입체도형이 만들어지는데, 이래도 정다면체의 종류를 말하지 않겠다는 건가?

정말 모른다니까요.

몰라? 정삼각형의 한 내각이 60°인 것은 알지? 따라서 정삼각형으로 이루어진 정다면체에는 이런 것들이 있지.

정삼각형이 한 점에 3개 모이면 정사면체
$3 \times 60° = 180° < 360°$

정삼각형이 한 점에 4개 모이면 정팔면체
$4 \times 60° = 240° < 360°$

정삼각형이 한 점에 5개 모이면 정이십면체
$5 \times 60° = 300° < 360°$

하지만 한 점에 정삼각형이 6개 모이면 그때는 $6 \times 60° = 360°$가 되니까 정다면체가 만들어지지 않지. 그러므로 하나의 면이 정삼각형인 정다면체는 3종류가 되는 것이지. 어때, 아직도 모르겠나?

그러니까….

그렇다면 한 내각이 90°인 정사각형으로 이루어진 정다면체는 어떨까? 한 점에 정사각형이 3개 모이면 $3 \times 90° = 270° < 360°$이니까 정육면체가 만들어지지. 하지만 한 점에 정사각형이 4개 이상인 입체도형은 만들어지지 않아. 그러므로 정사각형으로 만들 수 있는 입체도형은 정육면체 하나뿐이라고.

또 한 내각이 108°인 정오각형이 한 점에 3개가 모이면 $3 \times 108° = 324° < 360°$가 되어 정십이면체가 만들어지고, 정오각형이 한 점에 4개 이상인 입체도형은 만들어지지 않아. 즉, 정오각형으로 만들 수 있는 정다면체는 정십이면체 하나뿐이지. 어때? 맞지?

아, 제발 그만 하세요….

정육각형 이상의 도형은 한 점에 3개가 모이면 360° 이상이 되어 입체도형이 만들어지지 않으니까 정다면체는 지금까지 구한 5개뿐이지.

아니, 자네. 지금 내 학생과 뭐 하는 건가?

선생님!

밀림의 도형 왕자 키요

이 글은 저자의 창작 동화입니다.

부록

밀림의 도형 왕자 키요

키요는 지오메트리 밀림에 살고 있는 어린 고양이입니다.

키요는 모험심이 강하고 의리있는 아주 영리한 고양이입니다. 그래서 키요는 곤경에 처한 많은 동물들을 구해 주지요. 키요는 친구들이 많습니다. 그중 키요와 가장 친한 친구는 미키라는 이름의 생쥐입니다.

고양이와 쥐가 친하다는 게 이상하지요? 하지만 키요와 미키를 보면 오히려 부러울 정도입니다. 둘은 같은 날, 같은 곳에서 태어나 어릴 때부터 아주 친한 사이입니다. 미키는 자신보다 영리한 키요를 존경하고, 의지합니다. 키요도 미키를 아주 좋아하지요.

어느 날 미키가 키요의 집에 놀러 왔습니다.

"키요! 오늘 밀림 여행하기로 했잖아!"

미키가 말했습니다.

"참, 그랬지."

키요는 여행에 대해 깜박 잊고 있었나 봅니다.

미키는 겁이 많아 집에서 멀리 가 본 적이 없습니다. 겁쟁이 미키는 혼자 여행을 할 자신이 없어 키요와 함께 밀림 여행을 하기로 한 것입니다.

둘은 간단히 짐을 챙겨 집을 나섰습니다. 둘은 한 번도 들어가 본 적이 없는 숲 속으로 들어갔습니다. 숲 속은 나무들이 울창해 대낮에도 어두웠습니다. 미키는 조금씩 무서워지기 시작했습니다.

한참을 숲속으로 들어가자 '어흥' 하는 무시무시한 소리가 들려왔습니다.

"엄마야!"

미키가 무서워 키요의 품에 안겼습니다. 뒤를 돌아다본 키요도 깜짝 놀랐습니다. 자신의 덩치의 10배도 넘는 멧돼지가 노려보고 있었기 때문이지요.

숨을 죽이고 멧돼지를 바라보던 키요는 조심스럽게 뒷걸음질쳤습니다. 멧돼지는 그 사실을 알고 무서운 속도로 키요를 향해 달려들었습니다. 키요는 미키를 등에 태우고는 뒤도 돌아보지 않고 정신없이 숲 속을 달렸습니다.

한참을 달린 후 키요가 뒤를 돌아보았습니다. 더 이상 멧돼지는 보이지 않았습니다. 키요는 그제야 안심하고 낯선 숲속에서 먹을 것을 찾으러 이리저리 돌아다녔습니다. 그때 어디선가 비명 소리가 들렸습니다.

"살려 주세요. 누구 없어요?"

그것은 바닥에 떨어진 끈적끈적한 테이프에 다리가 달라붙어 옴짝달싹 못하고 있는 작은 꿀벌이 외치는 소리였습니다.

"제가 도와줄게요, 꿀벌 아가씨."

키요는 서둘러 달려가 테이프에서 꿀벌의 발을 떼어냈습니다.

"고맙습니다. 저는 꿀벌 나라의 비즈 공주예요."

비즈 공주가 정중하게 인사를 했습니다. 그때 수많은 꿀벌들이 키요와 미키를 에워쌌습니다. 둘은 겁에 질렸습니다.

"이분들은 내 생명의 은인이다. 마을로 모시도록 해라."

비즈 공주가 말했습니다. 그러자 키요와 미키를 에워쌌던 꿀벌들은 둘을 끈으로 묶어 함께 하늘로 날아올랐습니다.

"우아! 우리가 날다니."

키요와 미키는 꿈을 꾸는 것 같았습니다. 잠시 후 그들은 육각형의 집들이 붙어 있는 벌들의 마을에 도착했습니다.

"오, 나의 딸 무사했구나."

여왕벌이 비즈 공주를 부둥켜안고 눈물을 글썽거렸습니다. 여왕벌은 비즈 공주로부터 자세한 이야기를 듣고 키요와 미키를 위한 성대한 파티를 열어 주었습니다. 꿀벌들은 가지고 있는 가장 좋은 꿀로 차와 주스를 만들어 둘에게 대접하고, 재미있는 춤을 추면서 그들을 반갑게 맞아 주었습니다.

파티가 끝날 무렵 육각형의 집들을 계속 이상하게 생각한 미키가 비즈 공주에게 물었습니다.

"왜 벌들은 집을 육각형으로 만드는 거죠?"

"글쎄요. 우리도 그 이유를 몰라요. 하지만 오래전부터 우리는 정육각형의 집을 만들어 꿀을 보관했지요."

비즈 공주는 고개를 갸우뚱거리며 말했습니다. 그때 잠자

코 두 사람의 대화를 듣고 있던 키요가 말했습니다.

"같은 길이로 보다 넓은 집을 만들기 위해서예요."

"그게 무슨 말이죠?"

비즈 공주는 이해가 잘 안 된다는 듯이 되물었습니다.

"정다각형에는 정삼각형, 정사각형, 정오각형 등이 있지요. 그런데 평면을 채울 수 있는 정다각형은 정삼각형, 정사각형, 정육각형 3종류뿐이에요."

키요가 말했습니다.

"왜 그런 거죠?"

"평면을 채우려면 한 점에 모인 각의 합이 360°가 되어야합니다. 정삼각형은 한 내각의 크기가 60°이므로 이들이 한 점에 6개 모이면 360°가 되지요."

키요는 이렇게 말하면서 정삼각형 6개를 한 점에 모아 붙였습니다.

"그럼 정사각형은 한 내각의 크기가 90°이니까 4개 모이면되는 거야?"

미키가 키요의 설명을 이해한 표정으로 물었습니다.

"그렇지."

"정오각형은 안 되나요?"

비즈 공주가 물었습니다.

"정오각형의 한 내각의 크기는 108°예요. 이 각도를 모아 360°를 만들 수는 없어요. 따라서 정오각형만으로는 평면을 채울 수 없답니다. 평면을 채울 수 있는 정다각형은 한 내각의 크기가 360°의 약수가 되어야 하지요. 그런 조건을 만족하는 것은 정삼각형, 정사각형, 정육각형의 3종류뿐이지요."

기요가 자세히 설명했습니다.

"그럼 왜 굳이 정육각형을 사용한 거지?"

미키가 물었습니다.

"같은 길이로 제일 넓게 집을 만들 수 있는 집은 정육각형이거든."

키요가 대답했습니다.

"이해가 잘 안 가요."

비즈 공주가 고개를 갸우뚱거렸습니다. 그러자 키요는 미소를 지으면서 말했습니다.

"간단하게 증명해 드릴게요. 길이가 1m인 철사가 있다고 해 보지요. 이걸로 정삼각형, 정사각형, 정육각형을 만들고 각각의 넓이를 구해 보면 돼요. 우선 정삼각형을 만들면 한 변의 길이가 $\frac{1}{3}$ m가 돼요. 한 변의 길이가 □m인 정삼각형의 넓이는 $\frac{\sqrt{3}}{4} \times □^2$이니까 $\frac{\sqrt{3}}{36}$ m²가 되지요. 정사각형을 만들면 한 변의 길이가 $\frac{1}{4}$ m이니까 넓이는 $\frac{1}{16}$ m²가 되고요.”

“정육각형의 넓이는 어떻게 구하죠?”

비즈 공주가 물었습니다.

“정육각형의 한 변의 길이는 $\frac{1}{6}$ m가 되지요. 정육각형의 넓이는 한 변의 길이가 $\frac{1}{6}$ m인 6개의 정삼각형의 넓이의 합과 같으니까 $\frac{\sqrt{3}}{24}$ m²가 되지요. 이 3가지를 모두 써 보지요.”

키요는 세 경우를 나란히 보여 주었습니다.

정삼각형의 넓이 $= \frac{\sqrt{3}}{36}$ m² $\fallingdotseq 0.048$ m²

정사각형의 넓이 $= \frac{1}{16}$ m² $\fallingdotseq 0.063$ m²

정육각형의 넓이 $= \frac{\sqrt{3}}{24}$ m² $\fallingdotseq 0.072$ m²

"정말 정육각형의 넓이가 가장 크군요. 우리 조상들은 확실히 훌륭해요."

비즈 공주가 잘난 척하며 말했습니다. 이렇게 키요 덕분에 벌들은 자신들의 집이 왜 정육각형이 되어야 하는지 알 수 있게 되었습니다.

이제 키요와 미키가 꿀벌 나라를 떠날 시간이 되었습니다. 둘은 비즈 공주와의 헤어짐을 아쉬워했지만 여행해야 할 곳이 너무 많아 어쩔 수 없었지요.

비즈 공주와 헤어진 키요와 미키는 다시 길을 나섰습니다. 저 멀리서 시끄럽게 다투는 소리가 들렸습니다. 키요는 서둘러 그곳으로 달려갔습니다. 원숭이 4마리가 한쪽이 떨어져 나간 빵 조각을 놓고 싸우고 있었습니다.

"이 빵이 정사각형이었다면 4명이 똑같이 나누어 먹을 수 있어. 하지만 $\frac{1}{4}$ 조각이 떨어져 나갔으니까 남아 있는 부분은 전체의 $\frac{3}{4}$ 이야. 그러니까 이 빵을 똑같은 크기로 자르면 3명만 먹을 수 있어. 그러니까 막내 너는 빠져."

나이가 가장 많아 보이는 원숭이가 말했습니다.

"나도 배가 고프단 말이야."

막내 원숭이가 울면서 말했습니다.

키요는 'ㄴ'자 모양으로 생긴 빵 조각을 유심히 쳐다보더니 소리쳤습니다.

"합동인 도형을 이용하면 4명이 먹을 수 있어요."

"무슨 소리야. 이 도형은 4개의 합동인 도형으로 자를 수 없다고."

나이가 가장 많은 원숭이가 화를 내며 말했습니다. 그러나 키요는 빵 조각을 잘랐습니다.

그러자 정말 놀랍게도 4개의 똑같은 도형으로 나누어졌습니다. 4마리의 원숭이는 한 조각씩을 집더니 모두 만족한 표정을 지었습니다. 막내 원숭이가 갑자기 나무 위로 올라가더니 바나나 1다발을 따 가지고 내려왔습니다.

"고마워, 우리 문제를 해결해 줘서. 이건 우리들의 조그만 선물이야."

마개 원숭이가 키요에게 바나나를 건네며 말했습니다. 키요와 미키는 원숭이들에게 인사를 하고 다시 길을 떠났습니다.

길을 가던 도중 이번엔 어디선가 벽을 두드리는 소리가 들렸습니다. 키요와 미키는 소리가 나는 곳으로 찾아갔습니다. 정사각형 모양의 방에 뱀이 누워 있는데 한 변의 길이가 작아서 꼬리를 똑바로 뻗지 못해 벽을 치고 있는 것이었습니다.

"나도 쭉 뻗고 잠을 잤으면 좋겠어."

뱀이 짜증을 내며 말했습니다.

"네가 너무 길어서 그런 거잖아. 나에겐 엄청나게 큰 방인걸."

미키는 방 안으로 들어가 뛰어 놀면서 뱀을 약올렸습니다. 이때 방을 유심히 살펴보던 키요가 뱀에게 말했습니다.

"밖으로 나와 봐."

뱀이 밖으로 기어 나왔습니다. 키요는 미키와 함께 뱀의 길이를 재었습니다.

"얼마지?"

키요가 미키에게 물었습니다.

"13cm야. 그런데 방 한 변의 길이는 10cm라서 그보다 3cm가 기니까 몸을 접을 수밖에 없어."

미키가 말했습니다. 뱀은 눈물을 글썽거렸습니다. 키요는 뱀을 달래며 말했습니다.

"걱정하지 마! 쭉 뻗고 잘 수 있게 해 줄게."

"어떻게?"

뱀이 놀란 눈으로 물었습니다.

"네가 살고 있는 정사각형 방의 한 변의 길이는 10cm이니까 너의 몸길이보다 작아. 하지만 정사각형의 대각선의 길이는 $(10 \times \sqrt{2})$cm이고 $\sqrt{2}$는 약 1.414이니까 방의 대각선의 길이는 약 14.14cm가 되잖아. 그러니까 네가 방에서 대각선으로 누우면 몸을 쭉 뻗어도 1.14cm나 남게 되거든."

키요가 진지하게 설명했습니다. 뱀은 키요가 시키는 대로 대각선으로 누웠습니다. 정말 몸을 구부리지 않아도 잘 수 있었습니다.

"고마워!"

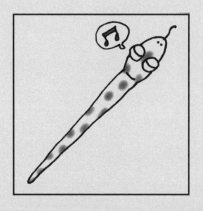

뱀은 키요에게 고마워 했습니다. 키요와 미키는 뱀의 인사를 받으며 다시 길을 떠났습니다. 한참을 걸어가던 키요와 미키는 길을 잘못 들어 절벽 끝으로 가게 되었습니다.

절벽 아래서 무슨 소리가 들렸습니다. 키요와 미키는 절벽 아래를 내려다보았습니다. 절벽은 약 10m 정도의 높이였는데 절벽 아래 풀밭에 불이 나서 달팽이들이 불에 타 죽기 일보직전이었습니다.

"미키! 배낭에서 휴지를 꺼내 줘."

키요가 소리쳤습니다. 미키는 영문도 모르는 채 두루마리 휴지를 꺼내 주었습니다. 키요는 두루마리 휴지의 한쪽 끝을 잡고 휴지를 절벽 아래로 떨어뜨렸습니다. 놀랍게도 휴지가 10m 아래 절벽까지 내려갔습니다. 달팽이들이 휴지에 올라탔습니다. 불길이 휴지에 옮겨 붙으려는 순간 키요가 소리쳤습니다.

"미키! 이제 당겨!"

미키와 키요는 무서운 속도로 휴지를 잡아당겼습니다. 그러자 휴지에 올라탄 달팽이들이 절벽 위로 올라왔습니다.

두루마리 휴지 덕분에 살아난 달팽이들은 키요와 미키에게 무척 고마워했습니다.

달팽이를 구출한 키요와 미키는 그들과 헤어져 다시 길을 떠났습니다. 그때 미키가 키요에게 물었습니다.

"그 조그만 두루마리 휴지가 10m나 될 줄 어떻게 알았지?"

"간단해!"

키요가 말했습니다.

"두루마리 휴지의 안쪽 반지름을 a라고 하고 바깥쪽 반지름을 b라고 해 봐. 그리고 휴지의 두께를 d라고 하자고. 그럼 휴지가 감긴 수는 $\dfrac{b-a}{d}$가 되거든. 그러니까 휴지의 평균 반지름에 이 횟수만큼의 휴지가 감겨 있다고 생각하면 될 거야. 휴지의 평균 반지름은 $\dfrac{a+b}{2}$가 되지. 그럼 평균 반지름으로 휴지가 한 바퀴 펼쳐진 길이는 $2\pi \times \dfrac{a+b}{2}$가 되니까 $\pi(a+b)$가 될 거야. 이것에 감긴 수 $\dfrac{b-a}{d}$를 곱하면 휴지가 펼쳐진 전체 길이가 나오거든. 그러니까 휴지가 펼쳐진 길이는 $\pi(a+b) \times \dfrac{b-a}{d}$가 되는 거야. 우리가 사용한 휴지는 안쪽 반지름 a가 1.5cm이고 바깥쪽 반지름 b가 5cm, 그리고 두께가 0.07cm니까 이 값들을 넣으면 휴지의 길이는 약 10.2m가 되지."

"정말 놀랍군!"

미키의 의문이 모두 풀렸습니다. 둘은 다시 무작정 길을 떠났습니다. 한참을 가다가 미키가 무엇을 발견한 듯 소리쳤습니다.

"키요! 버려진 자전거야."

"타고 가자. 다리가 너무 아팠는데 잘됐다."

키요가 매우 좋아했습니다. 둘은 자전거를 타고 강에서 약 3m 떨어져 강과 나란하게 뻗은 자전거 길을 따라갔습니다. 한참을 달리다가 미키가 갑자기 괴로워하는 표정으로 말했습니다.

"키요! 강에 가서 물 좀 마시고 가자. 목이 너무 말라."

"좋아. 나도 목이 마르던 참인데."

　키요가 물을 마시려고 자전거를 세웠습니다. 자전거를 세운 지점에는 '학교로부터 8m 전'이라고 쓰여 있었습니다.

　"좋아, 그럼 강에 가서 물을 마시고 학교로 가 보자. 강을 안 거치고 가면 8m만 가면 되는데. 강으로 가서 물을 먹고 가야 하니까 8m보다 더 긴 거리를 가겠지?"

　키요가 혼잣말로 중얼거렸습니다.

　"키요! 똑바로 강으로 갔다가 학교로 가는 게 비교적 짧은 거리를 갈 것 같아."

　미키가 제안했습니다.

　키요는 강을 바라보고 혼자 생각에 잠겼습니다. 그러더니 말을 꺼냈습니다.

"그렇지 않아. 중간 지점까지 비스듬히 갔다가 비스듬하게 학교로 가는 게 제일 짧은 거리가 될 거야."

"왜 그렇지?"

키요는 땅바닥에 그림을 그리면서 설명했습니다.

"우리가 있는 위치를 점 P, 강에 도착한 지점을 점 $\overline{Q}$, $\overline{학}$교를 점 R이라고 해 봐. 그럼 우리가 움직인 거리는 $\overline{PQ} + \overline{QR}$이 되잖아."

"그렇지."

"점 P의 강변에 대한 대칭점을 P′이라고 하고 $\overline{PP'}$이 강과

만나는 점을 S라고 해 봐. 그럼 삼각형 PSQ와 삼각형 QSP′이 닮음이거든. 그러니까 $\overline{PQ}$의 길이와 $\overline{P'Q}$의 길이가 같아. 즉, 우리가 움직인 거리는 $\overline{P'Q}+\overline{QR}$이 되거든. 따라서 점 P′에서 점 R로 가는 제일 짧은 길을 찾으면 되는 거야. 그것은 점 P′에서 점 R로 이어지는 직선이야. 그러니까 점 Q가 그 직선의 가운데 점이 될 때 제일 짧은 거리를 가게 되지."

키요가 설명했습니다.

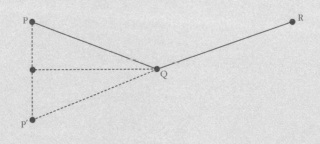

둘은 키요의 주장대로 강으로 가서 물을 마시고 학교로 갔습니다. 학교에는 개미들이 모여서 수업을 하고 있었고, 키요와 미키가 교실문을 열고 들어갔습니다. 개미들은 칠판 없이 땅바닥에 도형을 그리면서 수학 공부를 하고 있었습니다.

"왜 칠판을 사용하지 않는 거죠?"

키요가 선생님 개미에게 물었습니다.

"우리는 칠판이 너무 비싸서 살 수가 없어요. 우리는 그날

벌어 그날 먹고 사는 불쌍한 개미들이지요. 하지만 우리도 도형에 대해서는 알아야 하기 때문에 가르치는 중이랍니다."

선생님 개미가 대답했습니다.

"개미들이 왜 도형이 알아야 하죠?"

미키가 물었습니다.

"우리는 아침 일찍 일어나 하루 종일 무거운 먹이를 집으로 옮기는 일을 하고 있지요. 그러니까 좀 더 많은 먹이를 모으기 위해서는 가장 짧은 거리로 먹이를 날라야 합니다. 그것을 알게 하기 위해 도형의 성질을 가르치고 있어요."

선생님 개미가 설명했습니다.

"칠판이 있으면 도형을 가르치기 편할 텐데."

키요가 땅바닥에 엎드려 도형을 그리고 있는 개미들을 쳐다보며 중얼거렸다.

"방법이 없는 건 아니예요."

"그게 뭐죠?"

"밀림에서 성냥개비 퍼즐 대회가 있어요. 그 대회에서 입상하면 칠판을 만들 수 있는 재료를 상품으로 주거든요."

"성냥개비 퍼즐? 그것도 수학인가?"

미키가 혼잣말로 중얼거렸습니다.

"아마 성냥개비를 이동시키거나 빼서 새로운 도형을 만드는 걸 거예요."

"그렇다면 이것도 간단한 기하학의 원리가 적용되겠지? 좋아요. 우리가 그 대회에 참가해 우승을 하면 되겠군요."

키요는 두 손을 불끈 쥐고 말했습니다.

"자신 있으세요?"

선생님 개미가 물었습니다.

"그런데 대회가 언제죠?"

키요가 물었습니다.

"내일 아침이에요."

"뭐라고요? 그럼 하루밖에 안 남았잖아요?"

키요는 깜짝 놀란 눈으로 말했습니다.

"그럼 이럴 시간이 없어요. 우선 성냥개비를 모아 주세요. 연습을 해야 하니까요."

"저희도 그 대회에 참가하고 싶어서 준비해 둔 게 있어요."

선생님 개미가 말했습니다.

잠시 후 개미들이 여러 개의 성냥개비를 가지고 왔습니다. 키요는 밤을 새워 성냥개비로 여러 가지 도형을 만들어 보았습니다. 내일 시합에 어떤 퍼즐이 나올지 모르기 때문이지요.

날이 밝았습니다. 여러 마리의 개미들이 가마를 만들어 주어 키요와 미키는 대회장까지 가마를 타고 갔습니다. 대회장에는 벌써 밀림의 퍼즐 도사들이 많이 모여 있었습니다.

키요는 참가 선수들과 예선을 벌여 승승장구했습니다. 그

때마다 개미들과 미키는 관중석에서 열심히 키요를 응원했습니다.

드디어 결승전.

결승전의 상대는 밀림에서 머리 좋기로 소문난 여우였습니다. 이제 마지막 퍼즐 문제를 남겨 놓은 키요는 그동안의 여행에서 쌓인 피로 때문에 지쳐 보였습니다. 하지만 칠판이 없어 제대로 공부를 하지 못하는 개미들을 위해 마지막 힘을 쏟기로 했습니다.

마지막 문제가 출제되었습니다. 여우와 키요 앞에 성냥개비 12개를 사용한 정삼각형 6개가 만들어져 있었습니다.

"무슨 문제일까?"

키요는 곰곰이 생각했습니다. 여우는 준비한 문제가 나온 듯 자신만만한 표정이었습니다.

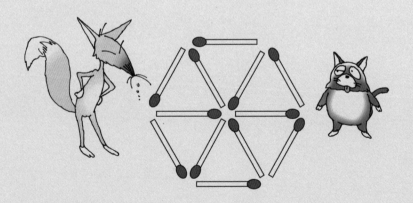

유클리드가 들려주는 기하학 이야기

그때 진행자인 코끼리가 말했습니다.

"이제 참가자 중 둘만이 남았군요. 긴장된 순간입니다. 결승전 방식은 각 퍼즐에 대해 먼저 해결하는 동물이 그 판을 이기는 것으로 하여, 세 판 중 두 판을 먼저 이기는 동물을 우승자로 결정하겠습니다. 첫 번째 판입니다. 성냥개비 2개를 움직여 삼각형이 5개가 되도록 만드세요."

진행자의 말이 끝나기 무섭게 여우가 성냥개비 2개를 움직여 다음과 같이 만들었습니다.

"여우가 한 판을 땄습니다."

진행자가 소리쳤습니다. 키요는 긴장이 되기 시작했습니다. 이제 남은 두 판을 이겨야 하기 때문이지요. 관중석에 앉은 개미들과 미키의 표정도 어두워 보였습니다.

"두 번째 판입니다. 다시 성냥개비 2개를 움직여 삼각형이

4개가 되게 하세요."

진행자가 소리쳤습니다.

여우와 키요는 성냥개비들을 노려보았습니다. 한 판을 먼저 이긴 여우 팀은 신나서 응원하고 있었습니다.

그때 키요가 2개의 성냥개비를 잡더니 다음과 같이 움직였습니다.

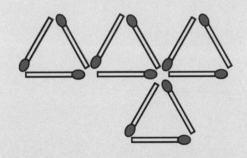

삼각형이 4개가 되었습니다. 개미들과 미키가 관중석에서 함성을 질렀습니다.

"이제 1:1이군요. 마지막 문제입니다. 다시 성냥개비를 2개 움직여 삼각형 3개가 되게 하세요."

진행자도 흥분한 목소리로 말했습니다.

잠시 침묵이 흘렀습니다. 여우와 키요는 머릿속으로 어떻게 옮겨야 할지를 고민하고 있습니다. 그때 키요가 진행자에게 물었습니다.

"삼각형의 크기가 달라도 되나요?"

"그렇습니다."

진행자가 미소를 지으며 말했습니다. 키요가 성냥개비 2개를 잡더니 다음과 같이 움직였습니다.

작은 삼각형 2개와 큰 삼각형 1개! 키요는 삼각형을 3개 만드는 데 성공한 것이었습니다. 관중석에서 함성이 쏟아져 나왔습니다. 키요의 우승이었습니다. 개미들과 미키가 달려나와 키요를 헹가래를 쳤습니다.

키요는 우승 상품으로 받은 칠판 재료를 받아 개미 마을로 돌아왔습니다.

한편 키요의 우승 소문을 들은 많은 동물들이 개미들의 학교로 몰려들었습니다. 비즈 공주, 원숭이 사형제, 뱀, 달팽이들이 그들이지요.

키요가 받아 온 칠판 재료는 이상한 5종류의 모양이었습니다. 그 재료들은 다음과 같았지요.

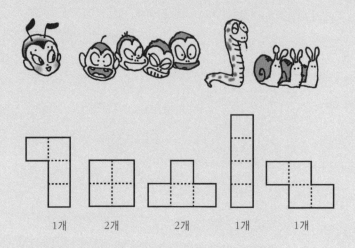

1개   2개   2개   1개   1개

모두들 재료를 보고 놀랐습니다.

"이걸로 어떻게 칠판을 만들죠?"

선생님 개미가 실망한 표정으로 말했습니다. 개미들이 상품으로 받은 재료를 하나씩 차례대로 쌓아 보았습니다.

하지만 괴상망측한 모습의 탑이 되어 칠판으로 사용할 수 없었습니다. 개미들은 모두 침울해했습니다.

그때 키요가 재료들을 유심히 살펴보더니 이리저리 끼워 보기 시작했습니다. 키요가 하는 행동에 모두들 의아해했습니다.

잠시 후 키요는 다음과 같이 재료를 조립했습니다.

"멋진 칠판이에요."

선생님 개미가 키요를 끌어안으며 소리쳤습니다. 이렇게 하여 개미 학교에는 직사각형 모양의 칠판이 만들어졌습니다. 그리고 선생님 개미는 여러 가지 도형을 칠판에 그릴 수 있게 되었습니다.

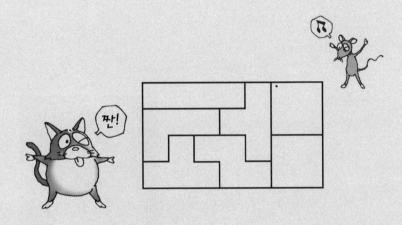

기하학의 대가
유클리드Euclid, B.C.330~B.C.275

　유클리드는 그리스의 수학자라
는 사실 외에 확실하게 알려진 바
가 없습니다. 단지, 알렉산드리아
에서 프톨레마이오스 1세에게 수
학을 가르쳤다는 이야기가 전해 옵
니다.

　유클리드는 공정하고 바른 소리를 잘하며, 친절한 성격을
지녔었다고 합니다. 한번은 당시 왕이었던 프톨레마이오스 1
세가 유클리드에게 기하학을 배우는 가장 좋은 방법이 무엇
이냐고 묻자, "기하학에는 왕도가 없습니다"라고 답했다고
합니다.

　프톨레마이오스 1세는 알렉산드리아 도서관에 수학 학교
와 박물관을 새로이 열기 위해 아테네에 있던 유클리드를 알

렉산드리아로 불렸는데 유클리드가 쓴 유명한《원론》이라는 책이 여기서 탄생하게 됩니다. 이 책은 총 13권으로 이루어져 있는데, 이 중 5권이 수학에 관련된 것으로 가장 훌륭한 책 가운데 하나라고 불립니다.

하지만 13권 모두 유클리드 자신이 연구한 내용은 아닙니다. 유클리드 이전의 뛰어난 수학자들이 연구한 내용을 정리한 것입니다. 추측에 의하면 1, 2, 4권은 피타고라스에게서, 6권은 에우독소스에게서 연구한 부분을 정리한 것입니다. 따라서 유클리드 자신이 연구한 독창적인 부분은 10권에서 볼 수 있습니다.

유클리드의《원론》은 성경 다음으로 많이 읽힌 책으로 2,000년 이상이 지난 지금까지도 많은 수학 참고서의 기본이 되고 있습니다.

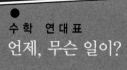

수 학 연 대 표
언제, 무슨 일이?

수학사 세계사

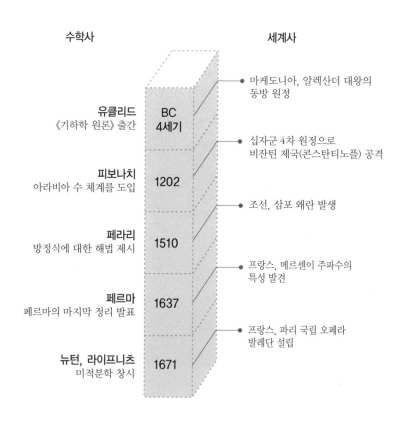

마케도니아, 알렉산더 대왕의
동방 원정

유클리드 BC
《기하학 원론》출간 4세기

십자군 4차 원정으로
비잔틴 제국(콘스탄티노플) 공격

피보나치 1202
아라비아 수 체계를 도입

조선, 삼포 왜란 발생

페라리 1510
방정식에 대한 해법 제시

프랑스, 메르센이 주파수의
특성 발견

페르마 1637
페르마의 마지막 정리 발표

프랑스, 파리 국립 오페라
발레단 설립

뉴턴, 라이프니츠 1671
미적분학 창시

1. 삼각형에서 어떤 각의 □□ 의 크기는 나머지 두 내각의 크기의 합과 같습니다.

2. 세 변의 길이가 같고 세 각의 크기가 같은 두 삼각형을 □□ 이라고 합니다.

3. 닮은 두 삼각형에서 대응하는 세 □ 의 크기는 모두 같습니다.

4. 직각삼각형에서 □□ 의 길이의 제곱은 다른 두 변의 길이의 제곱의 합입니다.

5. 원둘레의 길이는 □ 와 지름의 길이의 곱입니다.

6. 반지름이 r인 원의 □□ 는 πr^2입니다.

7. 반지름이 r인 구의 □□ 는 $\dfrac{4}{3}\pi r^3$입니다.

8. 정다면체는 모두 □ 개로 정사면체, □□□□, 정팔면체, □□ □□□, 정이십면체입니다.

1. 외각 2. 합동 3. 각 4. 빗변 5. π 6. 넓이 7. 부피 8. 5, 정육면체, 정십이면체

1985년 미국의 크로토(Harold Kroto), 스몰리(Richard Smally), 컬(Robert Curl) 박사는 21세기 꿈의 신소재인 풀러렌을 발견했습니다. 풀러렌은 60개의 탄소 원자가 축구공 모양으로 결합되어 있는 분자 구조로, 이와 비슷한 모양의 돔을 설계한 미국의 건축가 풀러의 이름을 따서 풀러렌이라는 이름이 붙게 되었습니다.

과학자들은 탄소로 이루어져 있는 흑연 조각에 레이저를 쏘았을 때 남아 있는 그을음에서 완전히 새로운 물질인 풀러렌 분자를 발견했습니다. 풀러렌 분자는 아주 작은 물질을 가둘 수 있고 강하면서도 미끄러운 성질이 있으며, 다른 물질을 넣을 수 있게 열리기도 하고 튜브처럼 이어질 수도 있습니다.

풀러렌은 컴퓨터 칩에서 원자 크기의 선을 통해 정보를 전달할 수 있으며 몸속에서 필요한 의약품을 운반할 수 있습니다. 또한 풀러렌을 이용하여 단단하고 날카로운 도구나 아주 단단한 플라스틱을 만드는 연구도 진행 중에 있습니다.

한편 일본 추부 대학 연구팀은 풀러렌을 이용해 비박막 유기물 태양 전지를 개발했습니다. 수십 마이크로미터 두께의 유기 물질 박막으로 태양 전지를 만들 수 있다면 기존의 스크린 프린팅 방법으로 옷감 위에 염료를 코팅하듯 간단하게 태양 전지를 만들 수 있습니다.

그동안 비박막 유기물을 이용해서는 태양 전지를 만들 수 없을 것이라고 생각되어 왔지만, 일본 연구팀에 의해 가능하다는 것이 밝혀진 것입니다.

찾아보기

어디에 어떤 내용이?